從菜鳥到大咖

人生勝利組的職場策略

終極勝利的關鍵，珍惜當下，擁抱未來！

楊蕭 著

U0078240

從職場新人到業內專家的逆襲之路？

突破困境，教你如何在競爭中脫穎而出！

提升自我價值、重塑職業生涯定位、培養核心競爭力……

幫助你成為職場中的大咖，不要當永遠的菜逼八！

目錄

目錄

第五章　開發自己＋堅持＝大咖

第六章　聯燁員工的故事

目錄

前言

想寫這本書，源於很多原因。

我從當年的職場菜鳥，到現在擁有上百名員工的公司總經理。這個「蛻變」過程僅用了六年時間。

六年的「職場」經歷，讓我明白，在工作當中，你若僅把自己當作是公司的「員工」，那麼，你即使工作一輩子，也只是一個為了生計而透支體力的「員工」。

這些年，我接觸了形形色色的人，他們中有功成名就的企業家，有拿著七八位數年薪的職場經理人，有年輕的創業者，有在而立之年，仍然不知道自己適合做什麼的求職者，有人到中年，還在為找工作發愁……

與他們聊天時，我最多的感受就是，他們對「工作」的定義不一樣。創業者和職場經理人把工作當成事業來經營，在工作中融入自己的夢想；求職者和一般受薪階級，認為工作就是工作，是用來維持生計、養家餬口的工具。

讓我下定決心今年一定要寫這本書的則是我的朋友 J。

J 是職場大咖級的人物。

J 先後在國營事業、上市公司、外商公司等公司就職，現在

前言

和朋友合夥創業，他的公司即將上市。

在我的朋友中，J是唯一一個做什麼都成功的人！

「我一直不明白，雖然你跳槽跳得多、轉行也多，但不管你選擇去哪個公司，做什麼工作，都能做出成就來。能跟我談談你的祕訣嗎？」我笑著向他講出我的疑惑。

他淡淡一笑，說道：「祕訣就一句話，在公司裡，別把自己當員工。」接著，他向我講起他的故事：

從小到大，他的夢想是做自由的創業者。但事與願違，他大學畢業後，在國營事業當辦公室文書人員，說是文書人員，其實跟打雜的差不多，日常工作是接待客戶、接聽電話、轉接電話外加幫主管、同事列印檔案。

每天重複著這些沒有意義的工作，他鬱悶極了，有過很多次辭職的打算。

「我辭職後做什麼？」他在心裡問自己，「顯然，以我目前的心態和經濟情況，想創業是不可能的。我何不讓自己以一個領導者的身分，來管理自己的工作呢。」

這麼一想，他很快就釋然了。當他用「領導」者的身分工作時，他的工作發生了戲劇性改變，他幾乎是全心投入：為了做好接待客人的工作，他利用業餘時間學習商務溝通、商務談判；為了妥善處理好電話事務，他自學了很多接打電話的技巧的書……對他來說，每一項工作都是汲取新知識的機會。

在他精心的「管理」下，每一項在別人看來枯燥、繁瑣的工作，開始變得非常有意義：

經他手列印的各種檔案，讓主管和同事十分滿意；他接待過的客戶對他更是好評如潮，甚至有一些跟他電話溝通的客戶，也被他彬彬有禮的說話態度所折服。

他出色的表現引起企業主管的注意。一年後，企業向他伸出橄欖枝，這次的職位是新成立的外貿部門的副總。他輝煌的職業生涯由此正式開始。他的夢想也一步步開始實現。

他總結道：「有許多夢想，都是透過工作來實現的。在工作中，我們要扮演好角色，這樣能夠平衡夢想和工作。當我們不把自己當員工時，才能關注正在做的事情，並盡力做到最好，從中發現更多驚喜，從而創造自己潛能的最大價值。」

「做好自己的角色，平衡好夢想和工作。」這句話，一下子說到我心裡去了。我回首以往走過的路，突然發現，我今天能有這樣的成就，就是我在工作時，從來沒有把自己當成「員工」：

當年我懷著到大公司做「百萬年薪高階主管」的美夢，來到現在的公司當業務。面對工作中出現的壓力和挫折，我有過好多次放棄的念頭。

「我都做了一年，還是個沒有任何頭銜的員工，我明天就辭職。」我衝著帶我的主管發牢騷。

「誰叫你當沒有頭銜的員工的，你可以當自己的『老闆』啊。」

師父平靜地說。

「當自己的『老闆』?」我疑惑地問。

「是呀。」他解釋,「這樣你可以管理你這種不穩定的情緒,養成良好的工作習慣。

等你把自己管理好了,你就不會在心情不好或是一遇到困難,就找工作的碴、挑工作的毛病了。這樣你才有能力影響別人,管理好別人,讓別人跟著你進步。」

這番話引起了我的反思:像我現在這種一遇到困難就抱怨的狀態,如何「管理」別人?管不好別人,我如何實現我的「高階主管」夢?

從此以後,我在工作中開始做自己的「老闆」,為了對工作進行創新和突破,我化抱怨為努力工作。那段時間,我好像回到了大學階段,整天卯足了勁學習各種推銷術,每天到公司比別人都早,下班時走的比誰都晚。即便是假日,我在跟親朋好友聚會時,看到誰說話受大家歡迎時,就拿出筆記本來記錄。

正因為如此,僅有科技大學學歷的我,最終在短時間裡超越了同部門的同事,成為我們業務部門能力最強的那一個人。

「在公司裡,不要把自己當員工,而是要當管理自己的『老闆』,只有這樣,我們才會真正明白,自己是在為自己的將來工作,累積經驗和財富,為實現夢想打基礎!」

這句話,將會成為我人生路上不斷前行的座右銘。

不管你在哪裡工作，都別把自己當成「員工」，而是當成管理自己夢想和工作的「老闆」，當你處理好這兩者之間的關係時，哪怕你做的是最基層的工作，都有可以學習的地方。

　　我想起這些年遇到那些事業有成的朋友，以及他們的故事，突然間發現，他們之所以能夠在平凡的職位上做出成就，是因為他們在公司裡，從來沒有把自己當成普通的「員工」。

　　我這本書中的觀點，來自於我對職業、工作的感悟；這本書裡的故事，來自於我的朋友、同行、客戶、同事以及我周圍熟悉的人。

　　由於這本書是我利用工作、講課之餘的零碎時間寫的，再加上我本人的文筆有限，書中難免存在不足之處，懇請廣大讀者朋友給予批評指正！

　　最後，我要感謝第一個帶我見陌生客戶的恩師曾女士，以及與我同甘共苦過並且直到現在依然熱愛工作的兄弟和戰友，感謝他們一路相扶相持！還要感謝我的隊友、好兄弟等朋友的一路信任與支持！我想要感謝的人太多太多，在這裡就化作一句話：

　　感謝所有與我相遇並有緣同行的你們！

前言

第一章

人生贏家，是清楚自己要什麼

01.
在拚爹拚臉的時代學會「拚命」

幾年前，我在 S 市講課時，發生了一個「事故」。記住，不是故事，是「事故」。

那天，我的課剛開頭，從大廳後門「闖」進一個身材粗壯、皮膚暗黃的女子。

未等我和學生反應過來，主辦方的負責人急匆匆跟進來。

「楊老師，我是你的學生，你還認識我嗎？」女子扯著大嗓門問我。

我一愣，說實話，我並不認識她。

「楊老師，不好意思，我們沒有攔住她。」負責人看我不語，說道。接著轉過身對那女子說：「這是我們公司為內部高階主管量身定做的課程，請您出去。」

「我不會出去的。」她一屁股坐在我講臺的臺階上，賴皮的樣子。

「楊老師貴人多忘事啊。不過沒關係，你這課我今天聽定了。」她抬頭看看我，那執著的眼神讓我一驚。

她眼神裡有一種豁出去「不要命」的決絕感。

這個世界上就有這麼一種人，他們不顧一切的拚勁，任你

是鐵石心腸，都無法拒絕。

我妥協了，有時候，妥協雖非心甘情願，但卻是源於一個人不顧一切的真誠和不容拒絕的毅力。

我對旁邊的負責人說：「讓她留下來吧。我想起她是誰了。」

實際上，我根本就不認識這位「不要命」的女子，甚至連她的名字都不知道。

「我叫秦稀。秦是秦始皇的秦，稀是稀世珍寶的稀。」

因為是與人溝通的課程，所以，我在講課中間與學生互動時，會鼓勵大家上臺做自我介紹，再講一段關於自己的故事。

剛開始，沒有人敢上臺。

倒是這個「強迫」我認識她的女子，大大方方地走上講臺，用帶有男子氣概的聲音，大聲地講起她為什麼要這麼拚。

她讀的大學是一所科技大學，畢業後，不想工作的同學複習準備考公務員；她家裡有生病的母親，有需要錢上學的妹妹，所以，她不敢任性，只得認命，先找工作養家。

「唉呀，我說著說著，怎麼覺得像是騙子在騙人時講的故事。但確實不是。」她風趣地說。繼續講下去：

「大四時，我和班裡兩位女生，到一間公司實習。都是初入職場，實習期過後，她們因表現好而轉為正式員工。而我這個笨鳥加醜鳥，沒能留下來。事後我總結了此次失敗的教訓，

是能力確實有限，畢竟剛走出校門，沒經驗嘛。在這個拚爹拚臉的時代，我這個正值青春妙齡、沒有顏值的女孩，只有拚命了。因為再不拚命，我就直接掛了。」

她講到這裡，大家都笑起來。

「怎麼，你們不信嗎？有人說，無圖無真相，我只有現身來證明了。大家看到我本人了，標準的黑窮醜一族，而且已經不是一般的醜了。」（笑聲和掌聲）「我不敢照相，在室外照相，我怕光，把我照胖；在室內照相，我怕暗，把我照黑……後來我發現，並不是相機的問題，是人長相有問題。你長得不美，擺什麼姿勢都是浪費精力，要承認這個現實。」（掌聲代替了笑聲）她越講越來勁：「我今天向大家說實話，楊老師確實不認識我。雖然我認識他。但我不這樣說，就沒有機會聆聽這麼好的課，也沒有勇氣站在這裡講故事。更重要的是，沒有機會拜楊老師為師。是的，你們猜對了，我要做楊老師的徒弟。」

她說完這句話，把頭轉向我：「楊老師，您同意嗎？」

「楊老師，收下她 ——」臺下的學員異口同聲地為她求情。

對於這樣一個「拚命強人所難」的女孩，我不同意也得同意啊。這堂課講完之後，她成了我的徒弟。

我對她說：「雖然你現在沒錢，但我不會減免你的學費。我收你為徒，是相信憑你能闖進我課堂的膽量和魄力，將來會打拚出屬於自己的一片天的。等你每月賺到五萬塊錢時，把學費

連本帶利地還給我。」

她爽快地答應：「沒問題。」

結束後，臺下響起掌聲！在她的帶動下，學生們陸續上臺演講。

三個月後，她在我的幾個徒弟中，第一個上臺演講，她的開場白是：

「你們看到我，是不是很有自信？你看我這麼難看，但我跳得舞很美（說著扭幾個。引來笑聲）；我五音不全，但我的歌聲有激情（說著唱了幾句。引來掌聲）。」

她第一次講課，課堂氣氛非常活躍。

現在的她，已經有一個美滿的家庭。她每天像我一樣，坐著高鐵外出講課，場場爆滿。

她的粉絲團裡，有幾十萬粉絲。粉絲們親暱地稱她為「榜樣女神」。

看，這就是一個勇於拚命的人的工作狀態。棒吧！

在這個時代，我們為什麼要「拚命」？

因為有時候，即便是有一個有錢的爹，也不一定能靠得住。

我曾經有一個有錢的姨父。他是當地的富豪。在二十年前，他開著一間有著幾百個工人的工廠。

那時候，雖然還不流行「富二代」。但是，有一個有錢的

「爹」（姨父家沒兒子，把我過繼給他家了）的感覺的確很爽啊。想想吧，你不用花費任何力氣，不用付出任何勞動，更不用去流汗奮鬥，就可以做自己想做的事情，玩自己想玩的事情。這麼「嗨」的日子，我連做夢都是笑的。

用句話形容就是：我終於找到了自由。

鄭板橋說，滴自己的汗，吃自己的飯，自己的事情自己做，靠人靠天靠祖宗，不算是好漢。終於有一天，我發現靠著姨父獲得的這一切，就像沙漠裡的海市蜃樓。說消失就消失了。

隨著我表弟（姨父家的兒子）的出生，我從姨父家回來了。雖然姨父希望我留下，可我這人，還是有自知之明的。

回家後，在父母的鼓勵下，在退學一年後，重新走進學校。

為了提高糟糕的英語成績，我能把英語字典倒背如流。雖然現在也忘得差不多了。但是我在拚命背誦單字時的那種不顧一切的拚勁，讓我養成了一種不怕任何困難的習慣。

最重要的是，我在苦學英語時，終於懂得了「凡事要靠自己」，在這個世界上，只要你敢跟自己拚命，就沒有什麼能夠把你打趴。

我第一次演講時，原定三百名企業家來聽課，結果因為員工失職，沒有通知，結果只來了三位企業家。

看著空蕩蕩的大廳，助理難過地問我：「楊總，要不然取消今天的課吧？」

我笑著說：「不。這三位企業家專程來聽課，已經令我感動了。我要把我最好的狀態發揮出來。」

那天的課，我講得非常精彩，講課過程中，這三位企業家頻頻鼓掌。

那堂課之後，我在企業界名聲大震。再次舉辦講座時，容納二百人的大廳人滿為患，他們大多是第一次聽課的三位企業家介紹來的。

這三位企業家曾經當著我的面說：「你敢在三個觀眾前講課，說明你是一個真正有才的人；你把課講得那麼好，讓我們獲得了應有的尊重；更難能可貴的是，你講課時那種亢奮的狀態，有一股『不要命』的拚勁，深深打動並感染了我們。」

做事情時「拚命」，拚的是一種個人氣質，這種氣質能讓你的氣場變得強大起來。

沒有什麼能夠阻擋

你對自由地嚮往

天馬行空的生涯

你的心了無牽掛

許巍的這首《藍蓮花》，是對我們青春的真實寫照。

一個人的輝煌成就只能在青春時期創造，或打下基礎。

在青春年華裡，我們每個人心中都懷著美好的夢想，如果

你在奮鬥時，敢跟自己「拚命」，還有什麼能夠阻擋得住你追逐夢想的腳步？

「我懷念的不是站在事業頂峰萬人仰慕的你，而是在青春年華裡，你在打拚過程中那不顧一切、拚命的傻樣子！」

當我們在年老的時候，回憶往昔，能夠對自己發出這樣的感嘆，也算這輩子沒有白活。

所以，我們在年輕時為夢想努力打拚，不只是為了摘取夢想桂冠，更多的是享受為夢想打拚的那冒險、刺激的過程！

02.
學會在窮忙瞎忙時認清方向

有位開公司的朋友經常向我訴苦，說他從創辦公司到目前，一直處於「用人荒」的階段，他的公司常年在各大網站掛著應徵廣告。

「每年新聞上都報導，說十幾萬大學生失業，可我這裡為什麼就找不到人呢。」他無奈地說。

我說：「是不是你的條件太苛刻，或者薪水太低？」

他說道：「還真不是。」

接著，他向我講了薪水和條件。我覺得他給出的待遇在同行業中算是最高的。更難能可貴的是，他應徵條件中最重要的一項是，應屆生優先。

「我覺得剛畢業的年輕人，有夢想，有想法，有一股初生之犢不怕虎的闖勁，」他娓娓道來，「年輕人在年齡上有優勢，有大把的時間來成長，我想把一些有能力的員工培養好後，成為公司的高階主管。」

我很贊同他的想法，就向他介紹了當過我助理的小張。

小張畢業於某名校，一到假日就去公司兼職，別看他畢業不到半年，他已經有工作經驗了。他多次對我說，他未來的職

業發展方向，是當企業的高階主管。

去年年底，小張聽過我的課後，說想當我助理，想學習一些管理方面的知識，這樣更有利於他未來的工作。當時我答應了。幾個月後，我對他的工作很滿意，他做事有計畫、交際能力也強，後來他為了準備考試，就辭掉了助理的工作。

朋友聽小張這麼優秀，希望我把小張介紹到他公司當部門經理。我一口答應下來。

在打電話時，我有點不確定的是，像小張這麼優秀的人，可能找到理想的工作了吧。

我懷著試試的心情撥通了小張的電話。幾句寒暄後，得知他還沒有工作，就直入正題，讓他先了解公司情況，如果覺得有意，就直接跟朋友聯繫。小張答應了。

半月後，朋友打給我，說小張已經在他公司工作了，向我表示感謝。

這件事讓我深有感觸，無論是我們找工作，還是公司找員工，想找到合適的，真的是要在對的時間遇到對的那個人。就像結婚對象一樣。

幾個月後，我有事打給朋友，順便問起小張。朋友說，小張工作到第三個月時，就以「要回家發展」為由辭職了。

「他在試用期，我就讓他享受正式員工的待遇，並承諾他，若做得好，半年後就升他當部門經理。可年輕人的心太浮躁，

等不及啊。」朋友無奈地說。

我安慰朋友，說小張或許真的是回家了，在別的城市生活和工作，壓力確實很大。

由於工作忙，我很快就把這件事忘掉了。年底我到小張的城市出差，為一家企業的員工培訓，忙完工作後，我才跟小張聯繫。

他在電話裡告訴我，他目前正在找工作呢。不等我回答，他說起離開我朋友公司的原因，他說，其實那家公司各方面都不錯，唯一覺得遺憾的是薪水低，工作太繁瑣，每天忙得沒意義，讓他覺得自己在那裡有點大材小用。

接著，他列出各種開銷，並說：「公司也沒有配車，出去談生意是不是有點寒酸？我待在那種公司，一個基層小員工，不知道等到何年何月才能升到高階主管呢。到頭來，錢賺不到、時間耗費了。太慘了，我這不是浪費青春嗎？事業對於男人來說很重要，我不能草率對待。」

聽了小張的話，我竟無言以對，他的話或許有點道理。但仔細想想，又覺得少了點什麼？

他說未來的志向是高階主管，卻一直糾結著薪水低、工作繁瑣，還常與同學攀比。

實際上，一個清楚自己遠大志向的人，在工作中是有目標的，他會把全部精力放在工作上，哪有時間胡思亂想、患得患失？

　　我經常聽到一些年輕人抱怨工作難找，但找到工作後，又抱怨工作累，害他們沒有時間去實現自己遠大的事業夢想。

　　但你有沒有想過，很多時候，你眼中的事業和夢想，是要立足於現實的。任何一個夢想要激發力量、鼓勵奮鬥，是離不開現實深厚基礎的；夢想要開花結果、落地生根，更有賴於現實的強力支撐。

　　如果你沒有一個有錢的爹與別人拚，你就得靠自己。那麼，工作，則不失為實現事業和夢想的最好途徑。

　　你能被一家公司選中，說明你在某方面還是有價值的。你之所以沒有做好工作，是因為你的志向很模糊，導致了你的努力極其盲目。

　　你每天疲於奔命，都來不及停下思考：自己工作的方向是正確的嗎？

　　你沒有方向，只不過是在堅持一個錯誤。再苦再累再忙碌都沒有意義。

　　你最該做的，是要想清楚自己的策略和方向，有了方向，你在工作中就不會瞎忙，更沒有閒心與周圍的人攀比了。

　　幾年前，N 和 M 一起從某名校畢業。兩個月後，N 找好工作時，M 卻還在幾家大公司之間做選擇。

　　M、N 和小張的想法一樣，想趁著年輕，找一份有助於實現事業夢想的工作。他們的夢想是創業當老闆。

　　M 在一年後，終於找到理想中的工作，不滿一年又換了。他說一旦工作起來，發現這份好不容易等來的工作，與想像中不一樣，做著做著就厭了、倦了。一著急就任性，然後辭職。

　　辭職後，因為嘗過工作的枯燥和重複，M 在找工作時比第一次更挑剔。幾年下來，他有工作經驗，經歷也不少，後來終於在一家大公司安穩下來，現在是中階管理人員。而 N 呢，早已經是公司總經理了，他就是我前面提到的那個為了找員工發愁的朋友。

　　N 在談到他當年找工作時，說道，他當時就想找一份工作來鍛鍊自己。他聽說業務這行業最鍛鍊人，就往這個方向找。開始確實吃了不少苦頭，而他同學的工作都比較好，紛紛勸他轉行。但他想：「我未來的志向是當老闆，這點苦算什麼。我在這裡不能把自己當員工。」

　　有了奮鬥的方向，他不再和任何人攀比，並把工作中的壓力化為動力，等做出業績後，公司替他升職加薪。再後來，他感到自己有能力獨立時，就辭職當起了老闆。

　　世界上最快樂的事，莫過於為夢想而奮鬥。但夢想的成功，需要自己去經營。卡繆（Albert Camus）說，對未來的真正慷慨，是把一切獻給現在。所以，從現在起，為你的工作做個規畫，定個方向。

　　有了方向，你做什麼工作都不會再盲目，更不會有那種「這

山望著那山高」的心理，這就好比駛在海中的船，如果沒有方向，任何風向都不是順風。當你在工作中有了方向，有了明確的目標，你的努力不會白白浪費。你會在堅持的過程中，等到助你前行的「風向」，然後送你快速到達終點。

03.
在擅長的領域豪賭一把

　　有個叫梅的女孩，聽過我幾次課。她聽課時非常專注，認真地做筆記，為了把筆記整理完整，經常在課後向我請教。

　　一次偶然的機會，我看到梅的筆記本，感到很驚訝。在我見過的學生中，我還真沒有見過這麼漂亮整潔的筆記本，一條一條地總結得非常到位，特別是那文字，有文采又帶有靈性，一如她清秀的外貌，讓人看後非常舒服。

　　我忍不住讚歎道：「你的文字很有感染力，適合做文字方面的工作。比如編輯、文案或是廣告策劃。」

　　她驚喜地問：「老師，您覺得我能勝任這些工作嗎？」

　　我說：「當然了，公司需要專才，你可以專攻自己擅長的工作領域。」

　　她卻有點落寞，說道：「楊老師，不瞞你說，我現在在一家出版機構做文字編輯，試用期三個月，這個月是最後一個月，可我的工作一直得不到主管的認可，我有可能被開除。唉，我真懷疑自己的能力。」

　　聽了她的話，我請她詳細地講一講自己的工作內容。

　　她點點頭，憂鬱地向我講了起來。

她是學中文的，畢業前就聯繫了這家公司，大四時還在這家公司做過兼職校稿，因為做得不錯，公司才想讓她畢業後來公司實習，如果能力強，三個月後轉為正職。

正式上班後，她對工作充滿新鮮感，部門主管問她，擅長哪方面的工作，她說，國中時，她發表過散文；大學期間，她幫親戚寫過廣告標語，還在朋友的公司做過總經理助理，為某出版社校過稿子。聽了她的話，主任在指派工作時，就有點雜，如果有編輯忙不過來時，讓她幫忙校稿；策劃部門的同事在寫宣傳標語時，會讓她幫忙；主管因事不在時，讓她幫著接電話或是接待客人等。

三個月下來，眼看著和她一起進公司的同事，都有了業績，只有她，一直處於不慍不火、死水一潭的狀態。

她講完後，我問她：「你在這幾個月中做的工作，沒有一項是你的長項。你應該找主管談談你的想法。」

「我找主管談過，主管說和我一起報到的同事，都是有經驗的老員工，在以前公司就是做編輯或是出版的。所以，工作學得快。」

我勸她先好好地分析一下自己，看看自己在哪方面的才華更好。職業，需要的是專才，不是什麼都會一點的「通才」。

她聽後，想了半天，才說：「我覺得自己創意比較好、點子比較多，有時頭腦裡會冒出一些廣告詞。」

我建議她再找主管談談，想辦法在策劃編輯這方面發展。

她有些氣餒，說：「可我沒有這方面的經驗啊。我們策劃部的編輯很厲害，他們在策劃一本書時，會事先憑直覺推測出這本書的市場銷量。」

我說：「直覺這東西，是一個人經驗的累積。你只要在你擅長的領域實踐多了，再加上不停地學習。當你把工作中的事情處理得越來越好時，處理事情的過程就成為你身體裡的一部分了，時間一長，隨著你對事情處理得越來越多，它們就會不由自主地形成經驗，然後變成你無法拒絕的直覺。」

看她仍然猶豫不決的樣子，我講了我的經歷。

在上大學時，我對媒體這一行充滿興趣，畢業後在一家報社擔任實習記者時，我對工作的認真和勤奮，連我自己都感動。但是，工作效率卻不高，反倒是那些並不比我勤奮的同事，花費的時間比我少一倍，卻能把工作做得很出色。

後來，是一位企業家的一番話，讓我重新認清了自己。其實，我真正的才華並不在當記者上，我好像更擅長與人溝通，比較適合當業務。所以，實習結束後，我沒有選擇當記者，而是去當業務。

那天我和她談過話後，她一回公司就去找主管，講了自己的想法。主管答應讓她到策劃部門去試試。之後她隔三差五地向我彙報她的工作情況。包括她遇到問題時的處理方式。

第四個月時，她興奮地告訴我，她轉為正職了。

我們生活的這個時代充滿著前所未有的機會：如果你有雄心，你了解自己，又不乏智慧，那麼不管你從何處起步，你都可以藉著自己所選擇的工作，登上事業的頂峰。

我有個同學，家境不好，大學畢業後，因為忙著賺錢，匆匆忙忙地找了一份賺錢的工作，並且一做就是十幾年。雖然薪水一直在漲，職位也不低，但他經常有一種莫名的失落感。因為當他做到第六年時，無論怎麼努力，都無法突破自己。在工作中做過好幾次失誤的判斷，差點對公司造成不可挽回的損失。

有一天，當他路過一家要頂讓的餐廳時，他萌生出想當一家餐廳老闆的念頭。這曾經是他的事業夢想。

作為一家大公司的中階主管，在人到中年時卻選擇當小餐廳的老闆，這讓所有的人震驚，都擔心他做不好。事實證明，擁有十幾年管理經驗的他，把餐廳經營得順風順水。

他感慨道：「每一個人在找到自己獨特的才華之前，要有一段摸索的過程。倒是那些聰明的人，會根據自己的長處，在一開始就定下志向，這會讓他們少走很多彎路。」

一個人只有深入地了解自己，才能選對最適合自己的舞臺，走出一條屬於自己的路，然後盡情地發揮獨特的才華與能力，那就是你成功的舞臺。當然，並非所有的人一開始就能夠把自己放到一個適合的地方，但有什麼關係呢？

美國的華盛頓總統曾經做過品管人員，毛姆（William Somerset Maugham）在當小說家之前是醫生，史懷哲（Albert Schweitzer）在赴非洲行醫之前是神學院的教師。這些夢想成真的人，在找到自己獨特的才華之前，都有過一段摸索的過程。

一個人的一生中，只有發現自己獨特的才華，才能在對的位置上做出有價值的事情。

雖然什麼時候都不晚。但如果你早一點認清自己，了解自己的長處，早點立志向，有助於你更快地找到工作，讓你工作起來有目標。

04.
把你的級別定為業界「專家」

K 是位有理想有抱負的八年級生，他未來的志向，是做廣告界的專家，讓廣告走出國內，走向世界。

目前，K 在一家外商公司做廣告方面的工作，起初他做得不錯，他設計的一個廣告還獲過獎，可是最近兩年來，他在這方面沒有任何起色。

苦悶的他，在網路上向我求助：

「楊老師，我對現在的公司超級失望。我準備跳槽了，到時候讓這些沒有眼光的老闆們後悔去吧。你能指點我一下，我換工作是做管理方面的工作，還是繼續做我的設計呢？」

原來，K 是學工商管理的，碩士學位，業餘還讀過 IBM，平時工作也努力，屬於認真的員工，曾經是公司想培養成中階主管的員工，他也對自己自信滿滿。可他來公司三年多了，還是一個小主管。那些能力不如他的同事都升遷了，有的比他職位還高。

我聽他講了原因後，幫他分析了一下，說：「你工作能力強，其實不在管理方面，而是在設計方面。公司當初升你為部門主管，意在對你的激勵。人的精力是有限的，你把精力用在管人上，想著升職。導致你不能更好地發揮你的創意能力。也

就是說，不是你能力不好，而是因為你的能力用錯了地方。」

他想了想，認為我說的有道理。就問我：「那我不用跳槽了？可我又不甘心在這裡當一個沒有頭銜的小員工。那樣多沒面子。」

我說：「那就別把自己當員工。」

他一驚，問：「你是說讓我專心管理？」

我解釋：「你的夢想是在設計方面有成就，可以利用公司提供的資源，發揮你最大的能力，在設計領域展示你的才華。記住，你在工作中為你的夢想努力時，就不要去想自己是員工。要是覺得委屈，自己花錢印個名片，上面寫上你想成為的職位。」

他聽後笑了起來。

他沒有換工作，頂著小「主管」的頭銜，充滿熱情地投入到工作中。

「萬事的根源皆在自己，事情沒有做好，在自己身上找原因。」這是我剛做業務時，我的主管說的話，「做同樣的工作，想想你的同事為什麼能做得好。」

我剛成為業務時是賣洗髮精，因為沒有經驗，十有九次被拒之門外。為此，我抱怨過。

同事學歷沒我高，卻拿著比我高幾倍的薪水？還不是因為運氣好。

同事業績高我一倍多？這也太離譜了，其中一定有問題。

人與人的能力怎麼會有這麼大的差別？我做得不好，是不是不適合做這方面的工作？

「此處不留爺，自有留爺處。我的夢想可是創業做大老闆啊。」那時我像一頭剛出生的小牛一樣，驕傲無比，一怒之下，就準備辭職。

帶我的主管沒有挽留我，而是說了上面的話。

「正是因為我嚥不下這口氣。」我說，「都是一樣的員工，都辛苦工作一個月，我卻賺這點錢。」

「你幹嘛把自己當員工？」他說，「我看你平常說話，伶牙俐齒的。講到你將來當老闆創業，更是頭頭是道。你把這套本事用在對付顧客上，就算你十有九次的吃閉門羹，一百次中也有十次的成功機會。」

一向說話不饒人的我，一時無話可駁。

「你連做好工作的能力都沒有，還創業？你這份工作連六分的能力都沒有使出來，就輕易地下定論，說自己在這方面沒有能力。你不想用十分的能力來工作，永遠找不到適合你的工作。」

他的話讓我醍醐灌頂，我決定改變工作方式：他說得對，我幹嘛把自己當作員工呢。

面對顧客時，我不是業務員，我就是老闆，是負責研發產

品的人員，是為顧客雪中送炭的人。我要讓他們先相信我這個人，先享受我最好的服務，再使用我的產品。

觀念一轉變，我在推銷時，不會戰戰兢兢，不會自卑，而是落落大方、面帶微笑地向顧客問好，被拒絕後仍然會微笑著說「謝謝」。

兩個月後，我憑藉著自己的三寸不爛之舌，開發了一些客戶。

有時候，我們不是沒有工作能力，而是我們的能力用錯了地方。解決該解決的問題，這是一個連小孩都明白的生活常識，可在現實工作中，不少人卻偏偏忽略了這個最基本的常識，結果一天從早忙到晚，該做的沒有做，不該做的事情倒是做了一大堆。

很多人確實有才華，也很努力，可總是不能做到最好，就抱怨自己懷才不遇，其實是你被放錯了地方。

我的徒弟小林，是典型的「富二代」。高中時，他以優異的成績考上了大學，他的有錢老爸卻認為他的才能需要中西合併，於是，花高價送他到國外鍍金，回國後，父親又給他幾百萬，讓他圓他的夢想：創業開公司。不到一年，錢賠了個血本無歸。

父親相信他的能力，說要繼續投資，他不想。找到我，說：「楊老師，我發現我這個人才啊，一旦被放錯了地方，就是垃

圾。我說的垃圾，不是說自己一文不值，而是說我所在的環境就無關我的才能。我縱然有用武之力，但無用武之地。看來我不適合創業，想向你學習，做一個會講課的大師。」

於是，他便來了我的公司。

我對他說：「你可想好了，跟著我，一沒有你創業時自由；二薪水待遇這方面，是看業績，底薪很低的。」

他嘻嘻哈哈地說：「我當然知道，我小林憑得是能力啊。」

說實話，我並不看好這個留學過、創業失敗的富家子：別看講師在講臺上滔滔不絕，看著很風光，但四處出差的艱辛和疲憊是難以想像的：先不說在講課時要傳授知識，要又唱又跳的，光是每天為了趕車，餓肚子這些事情，是常人難以做得到的。

剛開始時，小林趁著新鮮，每天幹勁十足，一個月下來，他興致減了很多，問我：「楊老師，我算是徹底明白，沒有人能隨隨便便成功，成功的人不僅僅是能力用對了地方，付出的血汗和辛苦也是常人的幾倍啊。」

我心裡覺得他要放棄，正要勸他，他又說了一句：「好在我的能力就得用在這裡。你說得對，要拿出不把自己當員工的幹勁去努力。」

接下來幾個月，小林就像火箭一樣，從一上臺就緊張，到上臺侃侃而談；從講課時不敢唱歌，到講到盡興時就扯著五音

不全的嗓子深情地抒發……他一天天成長著，兩年後，他成為像我一樣穿梭在各大城市講課行蹤不定的「飛人」。他的學生最多時達到四五百人，並且場場爆滿。

對於自己的成長，小林自嘲道：「我先給自己定為『老闆』，在成為『老闆』前，要通過四關。」

這四關如下：

第一關：把你想去的位置在圖上畫出來。比如：「我將來是要成為大師級的講師。」同時，列出自己「現在」的位置。比如：助理。把要到達目標，中間的所有階段都標示出來。

第二關：找出目前老師最看好的徒弟，他們以前在做什麼、因為什麼才華與歷練被提拔到現在的位置。當然要花些時間研究一下。可以看公司過往的數據，或是找老師、其他同事來了解他們以前的事蹟。要注意的是，對同事描述誇張的部分，要謹慎查證。了解後，寫上自己跟他們的差距，再把你目前的位置當成起點，把到終點過程的所有里程碑都畫出來。

第三關：思考，想想看，自己跟他們有多大的差距，如何追上他們。然後找出各種方法。

第四關：花些時間，找出自己的優勢，再找到自己以後要努力的方向，此外也建議你順便想想，投入這些努力是否值得？很可能列出來後發現要培養的各項經歷很驚人，但只要方向正確，努力與回報就會成正比的。

　　畢竟努力終究還是要用對地方的，而不是只會努力。

　　落葉放對地方，就是肥料，廢紙放對地方，就是資源，人也一樣。天生我材必有用，如果你覺得自己一直很努力，但還沒有獲得人們期望中的成功，那可能就是因為你的能力用錯了地方。

　　選最適合自己的舞臺，走出自己的路，然後盡情發揮你的能力，那就是你成功的位置。

　　在這個世界上，每個人都擁有屬於自己的獨特能力。這些能力像金礦一樣，埋藏在我們平淡無奇的生命中，一個人是否有幸挖到這座金礦，看你能不能腳踏實地去做，能不能早一點看到自己的能力，所以，你光有能力是不行的，你還要學會當自己的伯樂。當你選擇一份工作後，不要急於否定自己，認真去做，當你盡了力仍然做不好時，再換其他工作試試。

05.
帶著傷痕跑向目的地

風光的背後，不是滄桑，就是骯髒。

如果你想選擇風光快樂地生活，就得努力。

耿揚是我國中的同學，他生活在一個富足奢華的家庭裡。

耿揚對我說，自己不是高尚的人，也貪戀父親靠著工作帶來的「奢華」生活。可不知道為什麼，當他看著每天穿梭於他家的那些達官貴人時，他和母親一樣，心裡感到極度不安全。

父母離婚時，他剛升高一，不顧所有人的勸告，他選擇跟著當小學老師的母親，住在一幢老舊公寓裡，兩房一廳，不到20坪。

他說，這簡陋的房間，是他小時候和父母共度的樂園。那時父親還是一個普通工人。

小時候的他，做完作業，就等著父母下班回家。

幾年來，隨著父親升職，他們的房子越來越大，但一家人相親相愛的日子一去不復返。

父親先是晚歸，接著不回家，後來父親為他們買了大房子。

他和母親堅信「天下沒有免費的午餐」。所以，他和母親都拒絕住進那棟大房子。

耿揚大學畢業後，在一家公司當業務員，每月底薪不到兩萬元。當時，他母親因病住院，他一邊忙工作，一邊照顧母親，一邊還要想辦法找親朋好友借錢。一天只能睡一兩個小時，有時困到走路就能睡著。

有親戚叫他去找父親幫忙，他拒絕了，他說，每個人都有一段時間特別難熬，重點是如何讓自己「熬」過去，過程比結果重要。

耿揚最艱難的時候，是母親出院後，為了能兼顧工作和照顧母親，他早上四點半起床，一邊洗衣服一邊背書。六點準備母親的早餐。四點半起床讀書，這個習慣一直保持到至今。

每一個強大的人，都咬著牙度過一段沒人幫忙，沒人支持，沒人噓寒問暖的日子。過去了，這就是你的成年禮，過不去，求饒了，這就是你的無底洞。

有一天，父親貪汙的事情東窗事發，所有美好全都變樣。這時的耿揚，是某公司百萬年薪的高階主管。

有一次他去看父親，父親語重心長地說：「孩子，記住，如果想做一個幸福的人，就得靠自己。生活對每個人都很公平，不要妄想著不勞而獲，你早晚是要還回去的。」

人間正道是滄桑。要想活得安心快樂，就得自己去創造幸福。

不要去嫉妒成功人的繁華生活，他們看上去很美，美的只是外表，所受的苦，只有自己知道。

在生活中，給自己一個目標，會讓你的奮鬥有一個方向。這個方向，能帶著你走向想要的生活。

「如果一切重來，我願意當那個住在簡陋房間的小男孩，等著辛苦工作的父母回家。」

耿揚這樣說。

有些傷痕，不僅有利於我們維持人生的心理平衡，而且還有利於讓我們去實現人生更遠大的目標。

卡繆說，重要的不是治癒，而是帶著病痛活下去。

在人生的道路上，我們在選擇超越自己的時候，要學會對自己「狠」一點。

十幾年前，我當業務的時候，給自己定下的目標是：在一年中拿到上百萬的訂單。

我的左腳有舊傷，裡面放了一個鋼板，每到颱風下雨的時候，會疼痛無比。

為了激勵自己，我在筆記本上寫：一勤天下無難事，兩腳踏出萬兩金。

這句話，讓我不敢懈怠，讓我不敢消極。

有一年冬天，我到國外出差，當時下著鵝毛大雪。

因為沒有錢，我們住的是最便宜的飯店，自然條件不好。那個招待所很潮溼，外面天冷，屋內更冷。我的左腿，在這樣

的環境中開始發作，變得疼痛難忍，在那個冰冷潮溼的漫漫冬夜，腿痛難忍的我，一夜無眠。

第二天，我花錢買了一個電熱毯，想緩解疼痛。沒想到，潮溼的被子在電熱毯的烘烤下，導致我的膝蓋也被感染，由難忍的疼痛變成劇烈的痛。

我真想請假，回家好好休養幾天。但我知道，如果請假，這次出差就白來了。於是，我忍著痛，按照原計畫，有條不紊地工作著。也是在那一年，我不但提前完成了工作，還多開發了幾個客戶。

有一句話叫，你看到目標就看不到障礙，看到障礙就看不到目標，如果你把自己定位為業務員，那麼你可能只會推銷。但如果你把自己當作是一個愛的傳遞者，那你就能傳遞友愛和熱情。

我們只有在明白這個道理之後，才能有目標地工作。

李嘉誠是世界知名的企業家，現在致力於慈善事業，累計向全球捐款 76 億港元。儘管到現在已經七十多歲了，但他一直是商界的不老松，一直保持成功者的形象。他的父母親並沒有給他任何遺產，但是他至今仍非常感激他的父親。他說父親是他精神的偶像。

他父親是在他 14 歲的時候離他而去。因為沒有錢，李嘉誠不能繼續上學，而是輟學打工養家。

雖然李嘉誠的父親沒有給他一個很好的經濟條件，但他父

親卻給他一種志氣，李嘉誠的父親臨終前問他：「你有什麼要跟我說的嗎？」

李嘉誠含著眼淚說：「父親你相信我，我一定會讓我們家好好的過。」

讓家人過上好日子，成為他的奮鬥目標。

有了這個目標，他每天要工作 16 個小時以上，在 16 個小時的工作之後，還要自修，每天只有三四個小時的睡眠時間，因為睡眠不足，要用三個鬧鐘才能把他叫醒，他後來回憶說，正是「能夠更好的去支撐這個家，能夠讓家人生活得更好」的目標，才讓他不管多累，都要堅持下去，他也是憑著這種志氣，這種夢想，這種執著和堅韌不拔的精神，才成就了他今天首富的地位。

成功需要明確的目標在現實生活中，很多人在抱怨，覺得自己的家境不好，沒有生活在一個非常有錢、非常有背景的家庭。但是你有沒有想過，如果你的生活沒有目標，即使給你一個億，你花完後也不會開心的！

但如果你有自己的生活目標，你會抓住每一個機會去創業，即使在創業過程中跌得頭破血流也不會輕言放棄。

人在不同的思維背後，會有不同的行為。你想讓自己的人生過得有意義，就要為自己點亮一盞明燈，這樣，你即便是帶著傷痛，也不會停止腳步，讓自己贏在人生的起跑點上。

06.
人生贏家，是清楚自己要什麼

　　K是高材生，畢業後來我公司當業務已經五年了，他從最基層起步，從每個月什麼都賣不出去，到集團的銷售冠軍，他用了兩年時間。

　　在這兩年時間，他到全國各地出差，開發新客戶，每到一座新城市，他住最便宜的旅館，每天一大早，就四處拜訪客戶。

　　我的一位畫家朋友，看他工作能力強，就當著我的面挖角他，問他願不願意到他那裡去，說跟著他工作，不辛苦，薪水比現在多一倍。

　　K聽了微微一笑，說：「不去。」

　　畫家說：「為什麼？在我那裡工作，風吹不著，雨淋不著，又體面收入又多。」

　　K說：「在您那裡，我可以領高薪。在這裡，是我實現人生夢想的地方。我從小就立志，希望將來靠自己的能力和智力來征服工作。天下沒有不辛苦的工作，只有不會工作的人。我工作辛苦是我處理問題的能力弱，若在這裡不解決，到別的公司照樣會面臨這個問題。」

　　K的話讓我讚歎不已，K之所以出色，是因為他清楚自己

在工作中要的是什麼。

我見過不少面試者，才 30 歲出頭，卻有五六份工作經歷，每次多則 3 年，少則 1 年。

在而立之年，回到起點從一個基層開始做，拿著基本的薪水，和 20 多歲的年輕人一起競爭，還不一定能贏過他們，有時我真替他們感到惋惜。

十幾年前，我在某報社做實習記者時，認識了 L 和 C，他們和我一樣也是來報社實習的，只不過比我早來一個月。那時我帶著對這個職業的新鮮感，每天都很興奮。

當時，帶我們的主管姓雷，四十多歲，是報社採訪部的主任，在業內小有名氣。

雷主任做事的風格像他的姓氏一樣，雷屬風行，對我們要求非常嚴格，特別是在工作方面，如果沒有達到他的標準，他會毫不客氣地讓我們反覆修改，那時，為了完成一篇讓他滿意的採訪稿，我們經常熬夜寫採訪大綱、連夜整理採訪稿是常有的事。

在他苛刻的監督下，我竟然改掉了拖延、猶豫不決的壞習慣。

「老雷真沒有人性，他也不想想，就我們這點薪水，恐怕連他的零頭都沒有，卻讓我們在工作上向他看齊，真是太不近人情了。」

每次在加完班回家的路上，C 就氣憤地向我和 L 控訴雷主任的「罪行」。

「不要跟我講你們的難處，你們剛走出校門，什麼也不懂，報社鍛鍊你們，教你們謀生的本領，不收學費已經夠意思了。我不要求你們對報社感恩，只希望你們把握住這個機會，盡快學會。實習後給我走人。」

雷主任好像察覺到 C 的不滿，一看到我們三個人在一起小聲說話，就過來訓我們幾句。

有一次，雷主任說要帶著我們去採訪一位企業家。前一天晚上，他才通知我們準備採訪大綱，並說：「時間有點倉促，也可能用不上你們寫的大綱，但我還是希望你們認真地寫。」

聽說他已經準備好了，而且不像以前那樣逐字逐句地看我們的大綱了。C 向我們抱怨：「老雷這不是捉弄人嘛，可能用不上，我們幹嘛寫。你們想寫就寫，反正我不寫了。」

幾個月的時間，我和 L 受雷的影響，養成了無條件服從工作指示的習慣。果真如 C 所料，由於那位企業家點名讓雷單獨採訪他。我和 L 連夜趕寫的採訪大綱，自然也就作廢。

雷回來後，把那位企業家的採訪稿交給我們整理，要求我們根據原始資料，寫成一篇 5 千字的人物專訪稿。因為資料很少，對方又強調不能曲解原意，這讓我們寫起來很吃力。

C 像以往一樣一邊抱怨一邊整理。這篇採訪稿我們根據雷

的標準改了至少五次，又依照那位企業家的意思改了很多次，到定稿時，C向我們發誓，這種破工作不是人做的，等實習期滿，他就轉行。

正是這篇「難產」的採訪稿，改變了我們三人以後的職業生涯。

原來，這位白手起家的企業家，雖然只有小學畢業。但他在總結成功經驗時，非常簡潔。他在介紹成功經驗時，說道：「無論你做什麼，都要先想清楚自己要什麼。」

接著，他講了一個人一生中三個重要時期。

第一個階段：30歲以前，是年輕人事業的關鍵階段，這個階段，你要知道自己不是為了賺錢，而是為理想打拚，不要怕吃苦，不要輕易跳槽，要靜下心來，一心一意做好工作，提高自己為公司賺錢的能力。為公司賺得錢越多，你學到的本領越大。

你會更有信心去面對工作，更有動力地投入到工作中。

第二個階段：40歲以前，是一個人創造性最旺盛的時候，不管你是留在公司，還是選擇創業，仍然要把精力放在提高工作能力或是管理能力上，這些能力，遠比你手中握有金錢重要。要相信，你的努力會讓你獲得應有的回報和成就感。

第三個階段：40歲以後，透過長時間的奮鬥，你在某些領域已經小有成就，或是成為公司管理階層中的人物。你在享受

艱辛打拚之後帶來豐碩成果的同時，依然要保持進取的精神，繼續學習，保持與時俱進，這樣才能與公司一起成長。

C看過後馬上發火，他認為所有的老闆都在洗腦員工，讓員工拚死拚活地為他們賺錢。「我們不趁著年輕賺錢，到老了喝西北風啊。」

他決定實習期一滿就跳槽。

我在看過後，堅定了自己當業務的決心。

L的想法跟我不一樣，他要想辦法留下來，哪怕不給他轉為正職，他也要想辦法在這裡待下去學習經驗，等做出點成績再走。他說：「實習的地方給我提供了這麼好的發展機會，都沒有我的立足之地，再換個地方，我也很難做出成績來。」

我離開時，L和C都轉正了。

2015年夏天，助理告訴我，有一家中型企業總經理，指定我幫他公司的員工培訓。當我看到那位的聯繫方式時，很意外，竟然是L。

和L見面後，他告訴我，他在實習的那家報社做了八年，這八年間，他從一名實習記者一路升到總編兼任廣告部副總。

L說：「我出來自己創業，全依靠在報社時學到的能力、累積的人脈。我現在仍然在報社掛名顧問的虛職。」

他又提起C，現在在他的分公司擔任副理。

原來，C 在報社待了不到一年，就跳到一個大企業當業務。後來就沒再聯繫。恰巧兩年前，C 到他公司應徵。

L 從 C 的履歷中得知，十幾年中，C 頻繁跳槽，換了十幾個工作，每個公司待的時間最長的是一年，最短的不到一個月。中間他也嘗試過自己創業，但都沒有堅持。

「他履歷上要求月薪五萬，我給了他六萬。」L 說，「我並不是同情他，因為我和他一起工作過，了解他，覺得他在業務方面還是有能力的。我想讓他一直在我這裡工作，只要他做得好，我會繼續為他加薪。」

L 可以說是閱人無數，自然懂得根據員工的需求，來調動員工工作的熱情，尤其是像 C 這種需要用物質來激勵的人，他知道什麼時候給 C 加薪。

或許 C 認為 L 給的薪資合理吧，C 在這裡做得不錯，也沒有要走的意思。能夠把 C 這樣有些能力，卻愛頻繁跳槽的員工留下來，L 確實是一位不錯的管理者。而他的這些管理經驗，都來自他在工作中的心得。

他說：「我是受了雷主任和那位企業家的啟發，不管做什麼，要想清楚自己想要什麼。我小時候的志向是當老闆。我選擇當記者，是因為這行能認識到高階人才。」

當年 L 和 C 轉為正職後，L 為了又快又好地完成工作，在業餘時間來學習，他覺得，只有不斷更新知識，不斷學習，

才能更有效的應對日新月異的職場問題，處理高難度的工作難題。才可以比別人成長的更快，才能提高工作的應對能力，比別人更有效率。

L 成功地創辦自己的公司時，C 正在跳槽的路上艱難地奔波著。

其實，職場的曲線跟人生的曲線一樣，是曲折向上的，雖然偶爾會遇到低谷，但只要你清楚自己要什麼，在做事情時，就不會被無關緊要的誘惑分散心神，白白耗費大好時光，而是有計畫、有目標地穩步前進。即便是壓力來臨，你也能夠及時化壓力為動力，安穩地度過難關。

第二章
職場好運，來自日積月累的修煉

07.
社群平臺裡的「殭屍」們在忙啥

前段時間，我與一個八年級生的「忘年交」用餐時，從我們坐下點餐到吃完離開飯店，他左手一直不離手機，雙眼不離螢幕，臉笑成了一棵「忘憂草」。

「人生中最有意義的事情，莫過於看朋友動態時，看到熟悉的朋友分享自己的完美生活。」他向我感嘆。只見他右手拿著筷子夾菜，左手手指熟練地在手機螢幕上滑動著。

「哇，不會吧，徐小東竟然創業成功？」他眼睛發光，「我嚴重質疑這件事的真實性。論出身，他沒有我好；論聰明，他沒有我智商高；論情商，他更不能跟我比。如此一個一無是處的人，為什麼過得比我好？」

「徐小東創業成功」這件事，顯然對他打擊很大，他放下筷子，打電話確認後，他看著我，失落地說道：「靠，原來是真的。沒想到這傢伙居然還成功了。」

經我一問，才知道徐小東是他高中的同學。

徐小東是個書呆子，成績卻一般。高中後，徐小東進了一間科技大學讀企管系。

「這小子不愛玩社群平臺，雖然我們是朋友，但他從來不發

任何動態，關於他的訊息，我們都是從他的好朋友 —— 我們共同的一個高中同學那裡知道的。」

「你知道在你眼裡平庸的他，為什麼會成功了嗎？」我問。他搖頭。

「因為他自制力很好，能控制自己不看社群平臺。」我回答。

社群平臺是這個時代最色彩繽紛的世界，它讓我們足不出戶，就能窺探到熟悉或不熟悉的人的生活現狀，不管他們的生活是經過美化的、過濾的，還是原汁原味的，都不影響我們花時間津津樂道地看個不停。

每個人的時間是相同的，每個人對待時間的態度不一樣，收穫就不一樣。

一個人能在工作時間，控制住自己不看社群平臺，那麼，這個人就很了不起。一個人有社群平臺，卻沒時間發文或是追蹤，那麼，他除了忙比看社群平臺更重要的事外，沒有其他理由了。

由於工作關係，我社群平臺裡的朋友很多，有認識多年的朋友，有同行的朋友，有學生，有員工，有在活動中只見過一面熟悉的陌生人……從他們社群平臺的資訊來看，我分為以下幾類：一類是同行業中的朋友，社群平臺是為公司和公司的產品做宣傳的；一類是專做電商的；一類是「隨意」型，想到什麼分享什麼；一類，純屬用來浪費時間的，他們把每天的一舉

一動，包括吃喝都分享出來。最後一類是有個帳號，什麼也不發。人稱「殭屍」。

別小看這些「殭屍」，他們真的是把看這些社群平臺的時間，用在更重要的事情上了。

一年前，在社群平臺很活躍的朋友 A，突然「失蹤」了。並不是聯絡不上，而是不在社群平臺裡發任何動態了。

他是一個廣告公司的設計師，喜歡在社群平臺分享一些精美的廣告詞、極富創意的圖形。

有一次，我在社群平臺上留言給他，問他最近怎麼樣？

對訊息每則都回覆的他，一週後打給我說：「楊哥，以後有什麼事情就電話聯繫，我幾乎不用社群平臺了。」

「哈哈，你是不是升遷了？」

「算是吧。公司各個部門進行了大洗牌，我現在是部門總監，主管叫我趕快找到優秀的設計師。我要完成我的學業，還要面試應徵者，另外還要維護好跟客戶之間的關係。」

「完成學業？」我很吃驚，「你什麼時候開始上學的？」

「一年前我報了一個產品設計師進修班，週一到週五下班後有課，週末兩天有課。」他感嘆，「你別小看這課，好好學習的話，讓人受益匪淺。」

「確實是受益匪淺。」我附和道，「你一年下來，都當上部門

總監了。」

「社群平臺是一個比外表的舞臺，我人醜就得多讀書。」

J 是一個八年級生，是那種放在人群裡非常普通的女孩。

幾年前，她還是一個大四學生時，到我公司應徵助理。第一輪她就被淘汰了。

後來我聽下屬說，擔心她剛畢業，沒有工作經驗。

我聽後心裡笑了，這個負責面試的男下屬，在公司是小有名氣的「顏值控」。他說，一看到美女，他就有了工作的動力。若看到一個普通女孩，他就在心裡替人家「整容」，把她們的眼睛變大、嘴巴變小，他才善罷甘休。

因為 J 不夠漂亮，自然沒錄取。

J 雖非美女，但也算「才」女，她把一篇在大學時寫的文章寄給我，我看後很感動。

說實話，從她的文字來看，她並沒有多少才華。但是，她講述故事時的那份冷靜的口氣，運用文字的準確性，讓我感覺她是一個很做事很認真的人。

我叫下屬通知她，進行複試。

複試很簡單，就是談一談應徵者來公司後的職業規畫，有沒有與公司的發展吻合。

她複試的幾乎得了滿分。如我所料，她對自己的職業規畫

分成短期目標（如何盡快熟悉工作）、中期目標（如何在一年內做出業績）、長期目標（在公司做到什麼職位），除此以外，還對公司進行了分析，指出公司未來往哪裡發展更好。

從她的分析中，我可以猜到，她是真心想來這裡工作的，並且，做了充分的準備，整理了很多我們公司的數據。

成為我的助理後，她在社群平臺裡一更新，發的都是我講課的動態。令我吃驚的是，她並非常見的「低頭族」，很少對著手機看個不停，工作之餘的時間，她總是抱著一本書在看。

幾年時間下來，她利用業餘時間讀了在職專班，還多次上臺講課。

現在，她是我分公司的經理 —— 也是公司最年輕的經理。

有一次，我帶幾個朋友到郊區一家餐廳吃飯。

兩年前我們來這裡吃過飯。我發現店裡的招牌菜紅燒魚太好吃了，那味道，就像小時候母親的味道。

每當我有遠道而來的朋友，就會帶他們來這裡吃這道菜。他們都讚不絕口。

等朋友們點完菜時，我最後點了這道菜。服務生拿著菜單走後，我覺得好像忘了什麼，但又想不起來。

過了一會，服務生走過來，問我：「先生，您的紅燒魚，是不是要少放糖。」

經她提醒，我恍然大悟：「對，對。要少放糖。難怪我覺得好像忘了什麼，原來是忘了告訴你們少放糖。」

我說完又有點好奇，問道：「你怎麼知道？」

她禮貌地說：「是廚師叫我問您的。兩年前，您吃過這道菜後，還請經理叫我們的廚師出來，當面誇他。」

我恍然大悟，的確有這麼一回事。

「這麼久了，他還記得？」我和朋友都很驚訝。

「他廚藝好，記憶也超好，平時，他不但會把被客人誇過的每道菜的特點，詳細地記下來；還會把客人對每道菜提的建議記下來，花時間改進。」服務生說，「他在店裡工作了七年，不但我們老闆喜歡他，顧客也喜歡他。」

相信這個廚師憑著高超的廚藝，在工作過程中一定收穫了無數的讚揚聲或是批評聲，他卻能如此認真地對待。由此可見他對工作的熱愛。

在這個瞬息萬變的社會，職場上人來人往，這餐廳更是如此。而這個廚師，居然還記得這件事。

更重要的是，他還記得我愛吃的菜裡不能多放糖。這一點，足夠感動一個吃過各種美食的我。憑這一點，我將成為他的忠實顧客。

當時我拿出手機，開啟社群平臺，搜尋他的帳號，心裡笑

了：他果然是個「殭屍」。

「念書的時候，他成績沒有我好，現在卻開著名車，住著豪宅。」

「在我眼裡，她就是一醜小鴨，幾年不見，她居然變成了白天鵝？還有沒有天理了？」

總之一句話，在有些人眼裡：那些平庸的人，為什麼會突然成功？

我告訴你，人家所謂的平庸，是你定義的。人家比你過得好，是因為他們把你看社群平臺的時間用在了工作上面。

我的朋友A、我的員工J，還有上面提到的廚師，他們從事的都是現實生活中的普通職位。但是他們不甘於平庸，在自己的職位上展現出非凡的技藝。可是在匆匆忙忙的為名利忙碌的人群中，像這樣的人又有幾個呢？

我們大部分都是平平庸庸、碌碌無為之人。我們總以這樣或那樣的藉口敷衍自己，局限在自己的世界裡面，還自圓其說地安慰自己，說什麼樣平凡可貴、平平淡淡才是真。其實你就是平庸，只是你嘴硬，不願意承認罷了！

我看過很多動漫電影，只鍾愛宮崎駿的。如果你看過他的手稿，你就知道他是如何拒絕讓自己平庸的，他拍的每一部電影，都是花時間打磨的。

08.
歷經風雨洗禮，盼你始終堅強如昔

「別人以為你是高冷，只有你知道是自卑。」

這句話是一個叫 Y 的學生說的。

幾年前，我在給某公司的員工講課時，坐在前排的一個白白淨淨、眉目清秀、聚精會神的大男孩，引起了我的注意。

說實話，人到中年的我，閱人無數，也算是見多識廣。但眼前的這個安靜聽課的美男子，眉宇間透出一股氣質。

我講完課，依照慣例，讓每小組的學生派代表，用三分鐘時間介紹自己，並藉由介紹自己的機會向大家宣傳自己的公司。

他們很積極，用幾秒鐘時間就選出了代表。第一個上臺的就是 Y。

Y 就是坐前排的那個「安靜的美男子」。

Y 一開口，便顛覆了我對他最初的印象。

那句「海水不可斗量，人不可貌相」的話，真是太經典了。

「大家好，我是 Y，名字亦如我的外表一樣，文靜內向。但我想告訴你，如果你認為我真的是一個『安靜』的美男子的話，那就大錯特錯了。」Y 的語速很快。

「知道嗎？有些人出現在你的生命裡，就是為了告訴你，你

真好騙！」Y說，「第一個騙我的是小學的一個同學。他長得高大壯碩，經常欺負我。最嚴重的一次，我的臉都流血了，還不敢告訴老師。回家後，我爸又罵了我一頓，對我說，我明天若不反擊，他不認我這個兒子。那晚我沒睡好。第二天，我趁他不注意，揮了他一拳。」

Y停頓了一下，說道：

「接下來發生的事情很普通。他家長找到我家。我爸賠了錢，他們走後，我爸誇我做得好。自此以後，那同學見我都躲著走。多年以後，我才明白，我爸是第二個騙我的人。那件事以後，我學會了暴力解決問題。不但沒有人敢欺負我，我還成為校園裡人見人怕的「魔王」。國中、高中時，我因打架轉學過好幾次，那時別人對我的印象是高冷，只有我自己知道心裡有多自卑。多次轉學，除了證明我是個壞學生外，什麼也不是，高中沒畢業我就輟學。但因為沒學歷只能做最苦最累的工作。我有時一年找不到工作，最慘時只能喝水。那時我以為我要死了。等我發現自己還活著時，我對自己說：記住，你能活著是因為水。水是柔的。做人，不能太鋒芒，不能以牙還牙，要用心做人。」

Y講到這裡，臺下有人為他叫好。

「就在我人生低谷時，公司錄用了我。那是我第一次看到穿西裝的老闆跟我和氣地講話，第一次跟與我一樣年紀，卻比我

彬彬有禮的同事認識。

他的話沒講完，掌聲響起來。

「我在公司這五年多時間裡，最多的感觸就是，公司不但把客戶當上帝，把員工也當上帝。在這裡，我跟著老闆見世面，那就是，會講究，能將就，能享受最好的，也能承受最壞的。老闆在公司危難時鎮靜地做出的決策，我歎為觀止；在這裡，我跟著同事學會了享受孤獨，而不是忍受孤獨。他們在工作出現困境和困難時，不是逃避、不是埋怨，也不是求助別人，而是憑著自己的智慧，默默地想辦法去解決。這就是我的公司，一個讓你在歷經風雨的洗禮後，讓你始終堅強如昔。」

Y 的話講完後，臺下掌聲如雷。

我們在二十幾歲的年紀，不能隨心所欲地縱情於短暫的物質愉悅，因為這時，我們既沒有長者洞明世事的睿智，又失去了幼年天真無邪的清澈，學不到步步策謀，又不敢勇往直前無所畏懼，所以，我們只有在風雨的世界裡，像小時候學走路那樣，跌倒，爬起來繼續走，再跌，再爬，這樣一直堅強著、堅強著……一年前，我收到一個離職員工的消息：「楊總，我現在很糾結、很痛苦。」

他是四年前離開公司的，他工作能力很出色，曾是業務部的副總。離職是因為父母生病，加上他的妻子身體不好，而他的孩子年幼。於是，他就回老家自己開了一個小公司。

經我詢問，我才知道，他公司的一批貨出了問題，遭到客戶的退貨，讓他損失了三十多萬。

「我的公司小，員工只有我和一個朋友跟他的親戚，這批貨被退的原因，是因為他在檢驗時粗心了。」他的文字顯得很沉重：「我不能怪他，他在我最難時幫我。可這筆錢是公司週轉的錢。那朋友覺得對不起我，想辭職，我不讓他走。」

「堅持一下吧，人們不是常說，最難的時候，是因為我們在走上坡路。」我告訴他，又加上一句：「我正好有一筆閒置的資金，你把帳號給我，我叫會計今天轉帳給你。」他久久沒有回覆。

我創業時曾像他一樣，遭遇過這種困境，也像他一樣，遇到過願意幫助的人。

我相信，他和那時的我一樣，面對友人的幫助，感動至極！

「楊總，謝謝您的好意，有您這些話，我已經得到了力量。我再想想其他辦法。實在無路可走時，再找您。」

十多分鐘後，他發來這句話。

一週後，他打給我說，事情有轉機，客戶答應先付他們百分之三十的訂金，等待他們發新貨。

他接著說：「有了客戶的承諾，我有信心了。現在我正在和出貨廠商接洽，要他們承擔一半的損失。以我的了解，他們不會答應，但我要盡力爭取。」

雖然他的言辭間，流露出深深的失敗與挫折感，但我明顯地感覺到他說話有了信心。

我說：「對，一定要盡全力爭取！」

我有位朋友，在出版業小有名氣。在圖書市場日漸低迷之時，由她策劃出版的書卻深受讀者追捧。但在十幾年前，她可不是這樣。

那時，她只是一個學飯店管理的畢業生，在浩浩蕩蕩的求職大軍裡，她靠著一份執著，被一家出版公司僱用當櫃臺。

這家公司很大，出版的書很多樣，為了節省開銷，僱用的都是沒有經驗的畢業生。因為薪水低，這裡的員工樂得清閒，每天做完自己那點工作就可以了。

相對於編輯來說，作為櫃臺的她，工作更輕鬆，除了在各個網站發徵才訊息外，就是接待來公司面試的人。

有一段時間，她張貼的徵才訊息找不到人。雖然老闆沒說什麼。但她覺得這樣太耽誤時間，就自己找原因，發現徵才訊息寫得不好。於是，她就開始研究各大公司、出版社的徵才訊息，認真看，細細研究。就這樣，她根據公司情況「原創」了一份「徵才訊息」。

同時，在通知面試者時，她做了「創新」：

通知面試者時，她會花幾分鐘時間，主動向對方介紹公司經營內容、文化、工作環境、職位職責等，在介紹時，她會主

動回答對方提出的各種疑問，讓面試者對公司產生了濃厚的興趣。接著，她會告訴面試者面試流程，一方面讓面試者感到被尊重；另一方面，能讓面試者提前準備。最後，她把到公司附近的交通資訊告訴對方。

透過她的這一系列「改革」，面試者開始增加。這讓她有了一點成就感。後來，她向老闆申請調到編輯部門，但薪水照舊。

老闆答應讓她試試，並承諾，她如果在兩個月中寫一本合格的書，就讓她享受編輯的待遇。

那幾年她過得辛苦極了，為了充電，她晚上十二點前沒睡過覺，週六日要不聽課，要不泡圖書館，為省錢省時間，她在公司附近租房，每天步行上下班。但她一路堅持，最終走到了今天。

年輕的我們要明白，生活是美好的，但不能總是晴空萬里、風和日麗，偶爾也有烏雲密布、雷雨交加之時。我們前行的路，也不能總是開闊的大路，也會遇到崎嶇不平的山路。我們只有硬著頭皮勇往直前。

就算失敗了也沒有關係，只要你熱愛生活，喜歡享受憑藉自己的能力創造的美好生活就足夠了。

為了讓自己和家人過快樂的生活，我希望你始終堅強，美好的生活，永遠屬於那些不甘心失敗的人，堅持下去，你就有機會重頭再來，有機會翻身！

09.
大家都很忙，沒人看你狼狽的模樣

　　有位男孩，告訴我說，他準備辭職了。辭職原因是因為他實在受不了老闆的脾氣。

　　「楊老師，我長這麼大，從來沒有見過性格這麼粗暴的人。他經常像瘋子一般當眾罵我，完全不顧及我的自尊心。我怕再受他的虐待，自己會生病的。每次被他痛罵後，我覺得自己在同事眼裡就是一怪物，好幾天緩不過神來。」

　　我想對他說：「你不用這麼糾結於自己的面子，在意別人的眼光，你要知道，在職場上，每個人都很忙，沒人看你狼狽的模樣。被罵後，你要去分析，去改進自己的工作方式。罵得對，你改進；罵得不對，你就當耳邊風。」

　　在競爭激烈的職場中，被罵、掉眼淚的事情比比皆是。然而，正是這一次次刻骨銘心，讓那顆輕輕一捏就碎了的玻璃心變得堅不可摧；正是這些讓我們感到顏面喪失的經驗，讓我們從職場菜鳥成為優秀的高階主管！

　　我的客戶 D 是氣質美女，長相甜美，又畢業於名牌大學。她畢業後在外商公司工作，因為能幹又富有熱忱，半年後，她就升為主管。在工作之餘她喜歡寫一些文章，工作第三年，她自費出了一本散文集，還特意送了我一本。

這個在同事、朋友面前光鮮亮麗的姑娘，臉上始終掛著自信的微笑。在大家眼裡，她工作順利，事業成功，是同齡人爭相羨慕的對象。然而，在看過她的散文集後，非常驚訝。

這本散文集，記錄的是她真實的職場歷程：

她剛開始工作時，因工作不上手，經常被上司罵「不長腦子」的蠢材。挨罵後，她還是保持理智，準備不惜一切努力，把因自己造成的不良後果扼殺在搖籃裡。

有一次，她因工作失誤，得罪了一個重要客戶，在與客戶當面溝通過程中，上司幾次跟到辦公室，當著客戶的面責罵她，她始終保持著恭敬的態度，認真地聽著。上司走後，她繼續耐心又禮貌地跟客戶溝通，最終，客戶被她誠懇的態度打動。

她在一篇文章的結尾寫道：我們來到這個世界上，要學會用愛的眼睛發現生活中的美，用愛來感受每一次遇見。我相信，我們相知相遇的每一個人，都是來幫助我們成長的。如果沒有上司的訓斥、指責，沒有客戶的苛刻、不留情面，如果沒有一次次狼狽的模樣，我不會變得像現在這樣，不會變得有自信，更不會有效率地完成每一項工作。

我在原來的公司剛成為「經理」時，因為粗心，讓試用期還沒過的一個下屬負責出貨。當時出貨單是填好的，只需要下屬確認一下即可。

事情就這麼湊巧，我遇上了一個粗心的下屬。

出貨單的地址填錯了 —— 出貨的那天下午，我接到客戶的電話，向我要出貨單號。

我去問下屬，才知道地址錯了。

那是一批價值七十萬的貨物。老闆知道後，大動肝火，當著我二十多位下屬的面，把我從頭到腳地罵一頓。

我在公司也是管理職，被當著下屬的面不留情面地批評，讓我有一種當眾被脫光衣服的難堪。

可無論我多麼糾結，這件事確實是因為我的原因，才出現如此嚴重的紕漏。

我當時顧不了自己的「狼狽」，沉著冷靜地尋找補救措施。當我得知貨物還沒出發時，第一時間聯繫，經過一夜的努力，終於把貨物追回，事情得以圓滿地解決。

在第二天早上，我彙報結果時，他只淡淡地回覆「知道了」，彷彿一切盡在掌握中。那一刻我好自豪，幸好他的責罵，激發了我處理的能力，避免了不必要的損失，在被批評與避免損失相比，簡直不值一提。

這件事讓我明白，工作中沒有小事，不必親力親為，但必須要把每一項工作做好。

作為管理者，會用人和知人一樣重要。

還有一次，我在公司會議上被老闆抓到錯誤，當眾數落。

從報告的邏輯到語言的表述，再到表格數據的呈現方式，都被一一糾錯，還也被當眾批評「能力差」。但是會議過後，我依然面帶淡定的微笑，自我調侃是「打不死的小強」，針對每一個細節，我都認真地做了改善。

正是我一次次人前「狼狽」的樣子，才成就了今天的我在人前「風光」的樣子。

一年前，我曾經遇到那時一起工作的下屬，談話間，我向他問起這兩件「醜事」時，他想了半天，說不記得了。只說那時工作太忙，真的記不起來了。

是啊，我們奔波於職場，忙於謀生，忙於打拚，有誰還會記得誰「狼狽」的樣子呢。

人在職場，有順境也有逆境。遇到順境時，不要得意忘形，盡量保持一顆不驕不躁的心；遇到逆境時，要勇於面對、樂觀接受。那些真正站得高走得遠的人，都是比一般人更能消化委屈，也是比一般人吃了更多委屈的人。只不過，在委屈面前，他們能更好地消化，並且把委屈轉化為成長和進步的養分。

10.
還沒到結局，就不要輕易放棄

　　朋友 L 是學工商管理的，在一家大型公司任職。他在這家公司工作了六年，工作很敬業，經常加班，儘管很努力，但公司比他優秀比他努力的人更多，所以，他三年前成為部門副總後，就沒有再升遷。

　　最近，他對我說，公司成立了分公司，分公司的總經理要從公司內部提拔。早就想升遷的他參加了選拔。

　　「我今天才知道，這次參加選拔總經理的人，有二十幾個，我看過他們的資料，三分之二的人比我有優勢。」他無奈地說，「這不是給自己找麻煩嗎？早知這麼多人競爭一個職位，我就不參加了，現在真想中途放棄。」

　　我勸他堅持下去，對他說：「任何事情，只要是還沒有到結局，就不要輕易放棄。」

　　你想贏在最後，就得在堅持不放棄時，不斷地尋找應對的方法。

　　我曾經帶過一個下屬，年輕有才華，英文很好，人很聰明，學習能力超強，能夠很快接受新事物和新知識，工作起來也很認真。

在工作過程中，我發現他有一個致命的缺點，就是做事情時只有三分鐘熱度，一旦遇到一點打擊，就放棄。

他私下對我說，在這裡工作前，他已經連續換過五家公司了。當時，他畢業不到兩年，24 個月的時間換六份工作，減去找工作的時間，平均四個月不到就換一份工作。

「你工作能力不錯，對工作也有熱情，為何要換工作呢？」我太愛才了，怕他走，找他談話時，問道。

「我不想失敗。確切地說，是不想經歷失敗時那種落寞、失望和絕望。」他認真地說。

果不其然，他工作五個月時，成功地運作了幾個小專案，深得賞識。公司就讓他負責一個新的較有難度的專案。開始，他充滿熱忱地接受了。接下來，他在做專案的過程中，各種挑戰接踵而來。

他找到我，說想換專案，並說出了原因：

「我們的部門主管，綜合能力很差。」他說，「我的能力不差，在一些能力比自己低的人手下工作，心有不甘。我這個專案再做下去也看不到任何希望。」

我對他說：「你還沒有做完，怎麼會沒有希望呢？」

他說：「你想啊，部門主管幫不上任何忙，只在一旁說風涼話。做好了，是他領導有方，做得不好，是我能力不行。我對自己分析，適合做管理，所以要不斷尋找新的機會。這次來

這個公司，以為能很快升主管，但幾個月觀察下來，我發現升遷的可能性很小。所以，不如及早離開，找適合自己發展的公司。」

我說：「從你這幾個月的表現來看，你的成長速度已經算很快了，只要堅持下去，自會往好的方向發展。但是，現在還不是時候。畢竟，工作經驗，大學裡是學不到的，需要在實際工作中慢慢沉澱才行。有些寶貴的經驗，看再多的書都沒有用，你只有經歷過，失敗過，成功過，才能理解。管理是一門高深的學問，需要累積經驗，你一點經驗都沒有，就想當主管，太急於求成了一些。只要你靜下心，在這個職位上堅持，假以時日會有很多機會的。」

看來他實在等不了了。他說感謝我對他的信任與坦白，但他認為別條路更好走。於是，他不顧我的挽留執意辭職了。我覺得很惋惜。但既然這是他的選擇，我只有尊重他，並為他祝福。

離開後，他時不時會打給我。在斷斷續續的通話中，我聽到他的行蹤飄忽不斷，還曾一度離開這個城市。

在電話中，他時有抱怨世事不公，上司有眼不識英才。但更多的，是對新公司新職位的渴望。我能感覺到他本質還是一個具有上進心的年輕人。

後來不知什麼原因，我們之間失去了聯繫。如果有機會能

再遇到他，我會對他說：

「做任何工作，只要你不輕言放棄，讓自己踏踏實實地做下去，你就能得到令你驚喜的結果。」

羅蘭（Romain Rolland）說：「只有一種英雄主義，就是在認清生活真相之後依然熱愛生活。」無論是在生活還是在工作中，我們只有揮刀斬斷自己體內生根發芽的懶惰，斬斷阻礙自己前進的不自信，持續恆久地去做自己的事情，會讓我們發現更大的世界，同時讓我們像英雄一樣發出耀眼的光輝。

不管在什麼情況下，決定一件事後，只要還沒有到結局，你就得用一輩子的時間去堅持，相信你在經歷人生的風雨之後，這個世界，會讓你看到絢爛的彩虹！

所以，我們要趁著青春好年華，好好經歷，好好爭取，好好成長，我們要明白一件事情，只有全身心投入地去做，才能超越常人。這就是人們所說的「臺上十分鐘，臺下十年功」。

別只看到別人的風光，也要明白，在臺下，也有你不曾看見過的十年孤寂、隱忍、修煉、磨練，以及堅持。最後請你記住：

想成功，光有機會是不夠的，你既要把握住，更要堅持住。

11.
你美你傲嬌，我醜我低調

這是一個看「臉」的時代。

不管是上網看新聞，還是瀏覽社群平臺，那些配有帥哥、美女照片的資訊，總能吸引很多人的眼球。

「愛美之心，人皆有之。」這句話簡直就是真理。

去年的一天，我像往常一樣開啟社群平臺，一篇「你美你傲嬌，我醜我低調」的文章吸引了我。

這個標題很有意思，讓我忍不住開啟看了一下文章。

我這一看便一發不可收拾。

文章跟現在流行的心靈雞湯一樣，但唯一不一樣的是，作者是我曾經熟悉的 R。他寫的故事，幽默風趣，讓人看後忍俊不禁。

我根據 R 無意中提到的一些作品上網搜尋，不由得大吃一驚，這個 R，竟然就是在動畫界小有名氣的動畫導演。

認識 R，是在五年前，那時他還是一名即將畢業的大學生。

五年前，我到一間公司講課。課間休息時，有一個個子不高、靦腆害羞的大男孩找到我說：「楊老師，我可以加您的好友嗎？」

那時候社群平臺剛剛推出，我還不懂得如何使用，更沒有帳號。

「很簡單，我幫您註冊一個吧。」聽說我沒有帳號，他熱情地說。

我懷著好奇的心情，讓他幫我申請了一個帳號。

他就是 R，我的第一個好友。他這次能來聽我的課，是因為他在這間公司實習，當時有個員工生了病，他這個實習生才得到聽課的機會。

「楊老師，我知道您忙，沒有時間，等您休息時，一定要逛逛我的社群平臺，上面的文章都是我寫的。」他還是那麼害羞，「我喜歡動漫，但不會寫故事。為了提升寫作技巧，我每天晚上十一點半，準時更新我的社群平臺。我寫的那些小故事，是我從我和身邊人的真實故事裡改編的，您要幫我多提意見。」

我笑著說：「嗯，好的。」

事實上是，在這個人人都喜歡把「忙」字掛在嘴上的時代，大家似乎不太關注別人的事情。我剛用社群平臺時，覺得新鮮，即便忙，也要抽時間看看社群平臺裡的資訊。

那時用社群平臺的人不多，還沒有現在這麼熱鬧，加上沒有幾個好友，發的也都是一些無關痛癢的文字。所以，我只用幾秒鐘就瀏覽完了。

倒是 R 發的那些小故事，讓我有了讀的慾望。就是在這段

時間，我簡單地了解了 R 的故事。

　　R 是家中的長子，出生在一個普通家庭，家境不太好，父母從小就對他嚴格要求，希望他能夠努力學習，用讀書改變命運。

　　別看 R 性格內向，但他內心卻是一團火，他從小就喜歡畫畫，立志當一個漫畫家。為此，他把父母給的零用錢，全存起來買了漫畫書。

　　上國中後，他一有時間就跑書店，沒錢買書，他就待在裡面看書，甚至忘了吃午飯。

　　父母擔心會影響學業，就勸他收收心。

　　為了不辜負父母的期望，他一邊刻苦讀書，一邊抽出一點時間來畫畫。

　　他發誓要考一所好大學，將來找一份高薪的工作，讓辛苦了一輩子的父母享福。

　　然而，命運好像故意跟 R 開玩笑一樣，考試時，學習成績一向優異的他，以些微差距與理想中的大學失之交臂。

　　落榜後，心情低落的 R 鬱鬱寡歡，每天躲在家裡不願意出門，他不敢面對周圍的親戚和鄰居。親戚朋友們都知道他的理想是當「漫畫家」，背地裡都嘲笑他是在做「白日夢」。

　　眼看九月的開學季就到了，只顧傷心的他還不知道何去何從。在此之前，父母多次跟他討論：要不再重考一年吧？

他深知家裡的經濟情況，隨著父母年紀越來越大，他們外出工作時，只能做又苦又累又不賺錢的工作。而自己身為家裡的長子，應該為父母分擔。

他做了一個決定：去一所普通的學校就讀冷門的科系。

他相信，英雄不問出處。只要自己堅持心中的夢想，不放棄，實現夢想是常有的事情。

上大學期間，R 經常利用課餘時間臨摹一些漫畫。有人笑他：「你都是大學生了，還每天看這些漫畫，這麼幼稚能有好前途？」面對同學的誤解，他笑笑，也不做解釋。

大二時，他決心與人合作拍動畫。當他把這個想法說出來時，班上的很多同學哈哈大笑起來，有的同學摸著他的頭，問：「喂，你沒有發燒吧。人家畫動畫的可是一幫天才啊，他們不是學藝術的高材生，就是學電影的才子佳人，你一個普通學校沒畢業的學生，而且讀得科系跟動漫不相關，還想從事這行，我勸你還是放棄吧。」

另有一些同學稱他是「醜人多作怪」。

R 還是微微一笑，這麼多年來，他所遭遇的嘲笑很多，如今，他早已懂得放下。他決心堅定自己的信念，走自己夢想的路，讓別人笑吧。

大二的暑假，R 與幾個在網上認識喜歡動漫的朋友，在學校附近租了一間小套房，組成了動漫團隊，開始「導演」他們喜

歡的動漫。

當時，他們先一起討論故事，然後分集寫出來，先發表在他們的社群平臺上，並分享出去。接著，由 R 執筆，畫動漫人物。

那段時間，由於資金的限制，他們過的十分艱苦。他們餓了就只吃泡麵，環境也不好，五六個人加上所有的器材，活動範圍小，連夜趕工是常有的事情，有時累得眼睛都睜不開。

就是憑藉這樣堅毅的精神，他們在三年後，也就是 R 畢業的第二年，終於製作了一部十集的動畫，當他們把第一集動畫發表在影音平臺上播放時，立刻引起轟動，一夜之間，有上萬人分享，他們的粉絲也立刻增加數十萬。

那天晚上，他們第一次來到附近的餐廳，吃了三年以來的第一次大餐，並喝得酩酊大醉。

不久，他們製作的動畫開始被外界關注，團隊也幸運地得到資金。半年後，他們以團隊名義成立了「動畫公司」，並接受了上千萬元的資金入股。一年後，他們的第二部動畫播出後，再次引起轟動。

又是一年後，某著名電影製作人，以天價收購他們的動畫公司。

R 團隊的每個成員都得到了豐厚的回報。這時，R 獨自狂哭：「父母再也不用帶病工作了，我這個醜人不是在作怪，而是

在為夢想努力。」

賺到人生的第一桶金後，R 並沒有買房買車，而是把錢交給父母。他說：

「我還年輕，此時需要的是沉下心來，用金錢買到的東西容易使人浮躁，也不利於我今後的工作。別人美，可以傲嬌；我醜，要學會低調。」

直到現在，他仍拿著百萬年薪卻無房無車。

直到現在，他還是一個每晚十一點半，堅持寫一篇千字的小故事，默默地發在社群平臺上。

不求被追蹤、被分享，只為了記錄生活中美好的片段。

整整五年，1500 多個日夜，他原創的故事有 1500 篇，每篇字數一千多字，總共有一百多萬字了。

單看他的文字，你是絕對不會猜到，他是一個年紀輕輕就功成名就的人。

低調做人是一種進可攻、退可守，看似平淡，實則高深的處世謀略。在這樣一個浮躁的時代，他能夠做得這麼低調，實屬不易。

成功有時候就藏在一些嘲笑裡。它能激發你的成功慾望，讓你勇敢挑戰困難，變得能夠獨當一面。壓力是人生中非常精彩的一部分，如果這時候，你能做到不浮躁不虛偽，善於總結

失敗經驗並用心去沉澱，就能讓你離成功更近！

　　對於年輕的我們來說，生活中的每一次打擊，都是為了成就自己的堅強，所以，遇到打擊時，不要氣餒，更不能沮喪，在沉默中累積自己的力量，相信你在經歷風雨之後，一定會見到明亮的曙光的！

　　有時候，我們並非故意選擇低調，只是當我們想認真地做一件自己認為對的事情時，自己沒有時間向人解釋，這時就要放下所謂的自尊，埋頭去做，不去奢求美好的結局，只為了那精彩的過程！

　　一旦當你真的成功了，習慣了低調努力的你，會在這個浮躁的時代，做到心境平和，笑看世間的淒涼與繁華，活出真我的風采！

12.

職場好運，來自日積月累的修煉

「我好倒楣哦，公司這次加薪又沒有我。」

「我曾經很努力、很專注地工作，可好運就是看我不順眼，總是繞著我走。」多年來，我在生活、工作當中，出差當中，總是聽到類似的抱怨聲。

好運，確實是像許多人說的那樣，它和愛情一樣，是不可求的。

Y 研究所畢業後，進入一家公司工作。

雖然他學歷高，但因為剛進入公司，什麼都不懂，也就沒有什麼資本。不過 Y 心理素質很好，他堅信只要保持一顆好學上進的心，很快就能適應工作的。

Y 是讀管理的。但老闆總讓他做一些瑣碎的事。他知道自己學歷再高，也得從最基礎的事情做起。

當老闆讓他去影印時，他便跑去影印；出納不在，讓他做出納的工作時他也不計較；要他聯繫業務員、追蹤訂單，他便跑去與業務員溝通、追蹤產品進度；讓他訂同事出差的飯店，他便四處查詢便宜又方便的飯店；要他聽培訓課程，他便帶好筆和紙去聽課……總之，他在別人眼裡是最清閒、也是最忙碌

的人，只有他知道自己吃了多少苦。

漸漸地，他發現自從做了這些工作後，他的做事效率提高了、溝通能力也不斷提升。而且他對產品流程特別熟悉，只要有人詢問他產品到哪個階段了，他便能說出產品在哪裡、還要多久可以完成、什麼時間可以出貨、什麼時間可以上架。

面對同事一臉佩服的樣子，他很開心。漸漸地，他開始接受、喜歡這種充實忙碌的日子，它讓他掌握了很多知識，學到了很多事。

特別是在跟客戶溝通時，不但讓他掌握了公司和產品的運作情況，還使他的工作效率和溝通能力得到提升。試用期滿後，他順利通過了公司所有的考核。他對工作的熟悉程度以及對公司基本情況的掌握度，讓老闆都稱讚不已。

「你真不愧是學管理的，能把工作都做得井井有條。從下個月起，你就到策劃部吧，讓策劃部的陳總監帶你，陳總監兩個月後調到業務部做副總，你先做代理總監，做得好，一個月後這個位置就是你的。」

我剛創辦公司時，僱用了一個櫃臺，人長得很漂亮，嘴也甜，就是太懶。她每天無所事事，主要就是接電話，然後在電腦上看社群平臺，或是用甜美的聲音跟朋友聊天。

我找她談話，希望她能夠改變一下工作態度。她很驚訝地看著我說：

「楊總，我是一個櫃臺，工作內容不就是接幾個電話嗎？我接電話時那麼禮貌，也沒有客戶投訴我。我要怎麼改工作態度？」

我說：「你沒看到，公司全體上下都很忙嗎？你可以幫忙。」

她無辜地說：「同事那麼多，工作這麼雜，我要幫誰啊？再說我又不是超人。這麼多工作都讓我一個人來幫忙，我還不累死。」

試用期還沒有結束，她就不做了。

幾天後，新僱用的一個女孩來了。

她上班第一天就自己製作了一個登記表，記錄每天出入的人員和電話。然後建立了一個完整的流程，有幾十頁。接下來，她又整理了公司的快遞單、出差人員的車票、住宿發票等，並且做出了詳細的資料。還根據這些資料，做出一份詳細的分析報告。

不到半個月的時間，就對公司的運作流程瞭若指掌。而以上的這些我們都沒有教她，是她自己主動去學習的。公司所有人都對她讚不絕口，現在她已經成了獨當一面的部門經理。

由此來看，任何人的好運，都不是憑空而來的。

這雖然是一個看臉的世界，但那只決定了你獲取好運的一小部分因素。

好運這朵皇冠最終花落誰家，還要看你對工作用不用心。

在職場上，無論你選擇什麼樣的工作，你要從內心來接受它。不管你嘴上說得多漂亮，多會找藉口，你的行為、你的狀態會決定你的工作結果。

如果你選擇當一個完成任務的員工，那麼你就付出少量的體力，花費少量的腦力，過安定的生活，就別羨慕別人拿高薪，別嫉妒別人的生活！

你要記住，當你內心放棄卓越那一刻，好運就像躲避瘟疫一樣遠離你。

你就好比一顆大樹，只要你不曾迷失自己，只要你努力生長，努力充實自己，終究有一天，你會發現，好運會像影子一樣與你如影相隨！

第三章
你今天拿的薪資不代表你的身價

13.
你今天拿的薪資不代表你的身價

　　同一年開始工作，幾年後，為什麼有人成為公司的主管，有人還在四處找工作？

　　同一個行業中工作，幾年後，為什麼有人升到總經理，有的人還是普通員工？

　　同一個領域打拚，幾年後，為什麼有人成為身價七八位數，而有的人還在為薪水一年沒漲幾千塊錢而耿耿於懷？

　　同是創業，幾年後，為什麼有人已經是身價過億的董事長、老闆，有的人卻因公司經營不善負債纍纍？

　　起步一樣，學歷一樣，家庭背景相同，為什麼幾年後的差距卻有天壤之別？

　　難道真的是運氣、智商、能力、勤奮程度所決定的嗎？

　　絕對不是。

　　這是由一個人的價值觀不同所決定的。

　　大學畢業第六年時，我參加同學聚會。

　　聚會上，有人的話題是如何嫁個好老公，買品牌包包、化妝品，每年度假是到馬爾地夫，還是美國、德國等國家。

　　不難發現，她們的價值觀就是，嫁個好老公，後半輩子就

過上了衣食無憂的生活。

我們所談論的話題，則是工作和創業。

誰誰讀書時成績不錯，進入高薪又有保障的國營事業了。

誰誰有一個有錢的爹，畢業後回到家族公司做起了總經理。

誰誰運氣好，在賺得第一桶金後，自己開公司做起了老闆。

誰誰工作能力強，現在是公司的高階主管，是七位數的年薪。

誰誰和我們一樣，沒有背景，沒有機遇，到現在還是一個拿著幾萬塊錢月薪的人……

比著比著，大家神情落寞起來，同一個教室同一個科系的同學，一到社會，差別怎麼這麼大呢。

大家一邊羨慕著比自己厲害的同學，一邊感嘆著命運捉弄人。聚會變得有點不愉快了。

在生活中，你們或許和我的這些同學一樣，對這些事情感同身受。

但如果你細想一下我們之間的差別，就會發現，因為彼此不同的價值觀，注定了不同的結果。

不信，聽我娓娓道來。

這是我的合作夥伴的故事。

十年前，海外留學歸來的他，在一家公司工作，薪水比上不足比下有餘，工作時間很有規律：每天早上八點半上班，下

午五點半下班。

開始時，帶著熱情工作的他很賣力。他每天早早去辦公室，向前輩請教。

一年下來，工作能力得到提升。第二年年底，公司說他是「優秀」員工，提升另一位能力不如他的同事為部門主管。

他有點鬱悶，倒不是他想急於升遷，而是他覺得，那位同事，剛來公司半年，論業務能力，論工作年資，這位同事遠遠不如自己啊。

「你能力再強，沒有背景也升不了。不如趁著年輕，把生活安排得豐富多彩，享受這充滿激情的青春。」

「我們再努力，也是餓不死。想多賺錢，就得創造不知多少倍的價值。與其賣命賺那點錢，不如輕輕鬆鬆地拿薪水。還輕鬆，落個心理平衡。」

以前，他會對同事這司空見慣的議論置若罔聞，但現在，他覺得這就是職場真理。

你工作再努力，老闆不重用你，就是沒用。

你工作再努力，公司不想給你加薪，你就是一個不值錢的員工。

想開了，他心理平衡了。在工作上，能偷懶就偷懶，能推託就推託，能少做的不多做，能明天做的工作今天再閒也不做。

　　這樣工作一段時間後，他感覺到工作就像日子一樣乏味無比。

　　有一次，因工作關係他去客戶的公司談拜訪。

　　這是一家家族企業，只有十幾個人，一半的員工是老闆的親戚。

　　公司只有兩個房間，小的是老闆的辦公室，大的是員工辦公室。他到時，還有五分鐘就要下班。老闆在外出差，員工辦公室已經走得只剩下金一個了。

　　金和他一樣，剛工作一兩年。但金的薪水，連他的一半都不到。

　　他要找的人，早走了。要不是金的幫忙，這次就白來了。

　　出於對金的感激，他主動問：「為何加班，是不是加班費高？」

　　金說：「沒有加班費，我每天都會強迫自己加班兩小時。一個小時用來學習相關的業務；半個小時用來總結一天的工作和制定第二天的計畫；半個小時用來做一天中沒有完成的工作。」

　　他嘖嘖嘆道：「真佩服你，你薪水不高，對自己要求這麼高。」

　　金正色道：「我薪水少，但並不代表我的價值。我要利用這間公司好好磨練，讓自己的能力提升。」

　　「問題是，老闆能看到你的努力嗎？」

　　「能力是我的，我老闆看要幹麼？」金說，「我給公司賺越多

錢，我的能力越強。公司可以拿走我的錢，但我的能力他們拿不走啊。」

那天，他們聊了很久，並成為朋友。

他說：「我現在不把自己當成員工，這樣不管公司給我多少薪水，都影響不了我對工作的努力。我堅信，我今天拿的薪水絕不是我的價值。我的價值是無法用數字計算的。所以，為了證明自己的價值，我唯有不停努力地開發自己身上的價值。」

那天的談話，觸動非常大，他們道別的時候，金對他說：「在工作中千萬不能計較得失，精打細算。做事業就得大方一些，全力以赴，用心去做，在做的過程中，你會體驗到比被表揚、比多拿幾千塊錢更爽的快感。」

後來，他像金那樣踏實地工作，他不但如願地拿到了與付出對等的一切，成長、錢、榮耀、友情、家庭……心裡想要的一切，還體驗到了努力過程中的那份「爽」。

這份「爽」就是，他在工作中不時地發現自己身上的優點：溝通能力、規畫能力、預測能力等等。

十年後，他從辦公室小主管一直升到現在國營事業的主管。

金在十年中，換過三份工作：他的工作能力越來越強，小公司的工作不足以滿足他時，他的老闆，推薦他去朋友的大公司。他被任命為策劃部總監。幾年後，他又累積了管理的經驗，公司要他負責一個團隊開發新專案，新專案開發難度大，

很多人忍受不了壓力紛紛放棄。他一個人堅持並完成，於是，公司撥款，新成立另一個公司，讓他全權負責這個專案。這樣一來等於公司出資金跟他合作。

現在，金負責的這家公司準備上市了。

我們做的每一件吃力不討好的事，每一件赤手空拳迎難而上的事，每一次嚥下的恥辱，終究會牢牢地長在你的身上，成為你抵抗下一次的磨難。

這些資本在累積到一定程度時，你的身價會像那股票一樣，一路上漲。這時你會發現，你的薪水只是引誘你發現自己潛力的一個誘餌而已。

當你感到辛苦疲憊時，就咬咬牙，堅持一下。告訴自己：我吃的每一個虧，很多年後，老天爺會加倍犒賞我的！

14.
在工作中來一個「雙劍合壁」

　　A 對我說：楊老師，我月薪三萬，工作是自己喜歡的，我在工作中也能體驗到快樂，對薪水也滿意。但我想辭職了。

　　我甚為不解。

　　不知道是自己年紀大了，還是現在的年輕人太有想法了，我經常在類似的問題面前百思不得其解。起初我還問原因，但得到他們的答案後，我通常會傻眼。

　　「人生那麼短，生活這麼忙，我想靜靜。」

　　「我想專心談一場**轟轟**烈烈的戀愛。」

　　「沒別的，就是工作起來不爽。」

　　……

　　當我驚訝於他們辭職的理由，苦口婆心地勸他們要腳踏實地工作，實現自我價值時，他們嘻嘻哈哈地笑著說一句：

　　「楊老師，青春那麼美好，又那麼短暫，我想好了的事情通常不會輕易改變的。」

　　「哦，原來你早決定好了啊。」

　　我在發出如此感嘆時，心想他們背地裡可能會笑我太老土，思想太僵化。

所以，面對 A 的問題，我不再問原因，不再見怪不怪。

「你沒經歷別人的人生，就不要妄加評論好不好？」這是心靈雞湯的文章中用得最多的一句話。

「楊老師，您不想知道為什麼嗎？」A 說。

「我嫌這份工作都是雞毛蒜皮的小事，跟我將來想做的大事無關。」A 信誓旦旦地說，「我現在缺的不是錢，是對未來的動力。」

「楊老師，幫幫我吧！」A 以她的方式向我求助。

我看她不像其他人那樣，已經決定了要做的事情。她是真心想求我為她出謀劃策。我那職場「過來人」的毛病又犯了。我用我的方式，對 A 進行了「洗腦」。

我像平時講課一樣，在津津有味地講起了我兩個朋友的故事。

小涵和小劉，是我的好朋友。他們大學畢業後，在同一家公司工作。

工作一段時間後，他們開始感到工作的乏味，認為一輩子做這樣的工作，完全是在浪費生命。

但他們心態不錯，沒有一味地抱怨，而是決定改變。

小劉為了以後能增加薪水，賺錢後去創業，於是他決定努力提升自己的教育程度，使自己的學歷更高。他就在每天完成八小時工作後，自學在職專班的內容。

　　小涵也給自己訂了一個目標，這個目標要使自己成為一個非常高階的行銷人員，甚至能夠成為行銷大師，他也開始學習，在八小時之後，他的學習與小劉完全不同，他學習行銷中與客戶打交道所需要具備的溝通能力，還有整合行銷的一些知識和行銷技能。並且學以致用。

　　第二天去見客戶的時候，他把工作作為一場學習，一次實習，這個時候他的工作變成了他學習的一種延伸，他的溝通能力在一次次實踐中得到提升。

　　半年後，他們之間的差異就很明顯了。

　　小劉覺得學習和工作搞得他身心疲憊，雖然也得到了學歷證書，但是他在工作職位上卻沒有任何進步。

　　小涵把工作和學習很好地融為一體，他的業績遠遠高於其他人，而他在學習上也實現了自己的目標。

　　「小涵的故事有點意思。」A 聽後笑著說，「把工作與未來的事業目標結合起來，夠聰明。」

　　我說：「雙劍合璧就是把工作中的小事和遠大目標結合起來。因為小涵在工作中巧妙地利用了『雙劍合璧』的原理，從而使她獲得『一加一大於二』的效果。」

　　人在職場「混」，若不懂得雙劍合璧，注定是要被淘汰的。因為工作和做任何事情一樣，時間一長，總有一天會讓你感到厭倦的。

在工作中，「雙劍合壁」就是讓我們把未來的目標這把劍和學習、事業、人生等這把劍聯繫在一起，當這兩把劍聯繫在一起的時候，就可以相互促進、相互協調，讓你的工作如日中天，把潛能發揮得淋漓盡致，令你在職場中打遍天下無敵手。

不過我要提醒的是，你在確定目標時，不僅要樹立長遠而清晰的目標，而且要設定一個理想和現實能很好融合的目標。

千萬不要以員工的心態工作，只會讓你變得越來越窮。要抱著一種當老闆的心態，累積你的知識，累積你的經驗，累積你的能力。這是我這麼多年來在這個行業裡屢戰屢敗後的深刻體會。

還有更重要的一點，就是要學會把工作中的小事情當成大事情，再做成大事情。這樣一來，你透過做這件事情會得到成就感。成就感真的跟賺錢無關。就比如你喜歡當作家，卻讓你去經商，也許很賺錢，但不一定能比你拿到稿費有成就感。

你經商時可能在賺到第一個一百萬後，你會有成就感。賺到第一個一千萬之後，你會有成就感。再往後，就變成了一個數字的遊戲了，你就沒感覺了。

如果你寫書，哪怕第一本書讓你賺五萬，你就能有成就感。以後隨著你寫書的收入增多，你的成就感會越來越大。這與你經商賺錢的感覺是不一樣的。

15.
菜鳥是這樣變成骨灰級的

　　提到職場菜鳥是怎樣變成骨灰級的，我必須得提一提我的朋友 F。

　　1999 年初，F 的父親因病去世時，家裡背上了幾十萬的債務。迫於無奈，上高中的 F 為了還債，輟學工作。

　　沒有學歷，沒有工作經驗，F 只能選擇又苦又累收入又低的工作。

　　那時，她很喜歡服裝設計，幾經周折，就在一家服裝工廠當採購。

　　從事這項工作後，她一邊學習面料知識，一邊鑽研服裝款式。透過多方了解，她發現服裝經營最大的特點就是點多面廣、變化迅速，為了在變幻莫測的市場中掌握消費趨勢，她利用別人休息、娛樂的時間，在假日和下班以後逛服飾店、百貨公司。

　　平時生活中，她只要看到較有特色的衣服，就喜歡思考、比較；只要看到有服裝設計培訓班的通知，她會立刻利用業餘時間參加，保持對設計理念的新鮮感；她還喜歡去工廠，與同事一起裁剪，熟悉生產工藝；除此以外，她規定自己每天一定要抽出時間翻閱時尚雜誌，捕捉知名品牌的訊息，了解最新的

流行資訊，努力掌握服裝趨勢。

工作中的實踐和工作之餘持續的學習，讓她在短短三年中，成為公司採購部門的主管。

她業餘設計的一款春夏休閒女裝，成為當年流行衣服之一。

從 2004 年開始，F 調到了公司的設計部門，由於她懂得面料、顏色搭配之道，由她設計的幾款女裝，深受客戶青睞，供不應求。第二年底，她設計的一款時裝，獲得大獎。

第三年，她設計的女裝，讓公司營業額突破億元大關，年利潤達到 2000 多萬元，她也成為公司資深的設計師。

「想實現事業夢想，就得先從職場菜鳥昇華，你才能在夢想的領域不斷地學習，讓自己成為這個行業中的『絕頂高手』。當你在這個領域具有很高地位時，你的夢想就實現了。」這是 F 總結的經驗。

F 從一名寂寂無名的採購，到公司知名的設計師，靠的就是一種不斷學習的精神。她把別人用來休息的時間學習，提高能力。

身在職場，你若不努力，就會一直鬱鬱不得志。那些從菜鳥變成骨灰級的人，靠的是踏踏實實地幹，認認真真地學。

實現夢想是一個超越自己的過程。我經常對自己說，你就是勝者。有的時候就是因為，太想超越別人，所以不小心超越了自己。

我剛成為業務時，為了給自己動力，在工作過程中，我會給自己找一個假想敵。這個假想敵，一般都是我們公司做得好的同事。

我有一個朋友叫徐涵，是我剛工作時第一個主管。我們於 2000 年 5 月 23 號認識。

他給我最大的影響，不僅僅是他超強的業務能力，而是他高度的自律能力。

他的事業夢想是做公司老闆。那時，他不管工作多忙多累，每天早上都堅持 6 點起床看書，並且規定自己在一年中要看 20 本書，其中有三分之一是專業方面的書。

我業餘學習時，就把他當成假想敵，和他比誰讀書更快更多。那一年當中，他讀了 20 本書，我讀了 25 本書。

後來，他成了老闆，我也成為老闆。

在一次課程上，我與學生互動時，向他們提出一個問題：「骨灰級」的員工是如何煉成的？

聽到這個問題時，學生要求他們市場部經理來談談修煉「骨灰級」的過程。

市場部經理是典型的「骨灰級」員工。他一畢業就到這家公司當業務，一起工作的十幾個人學歷都比他高，在不到三年時間中，都先後離開了，唯獨他堅持下來，而且這一堅持就十二年。

這十二年中，他從一位基層的業務成長為市場部經理。

「挑戰當然有，特別是工作第六年的時候。當時我覺得自己都麻木了，那年公司選優秀員工，我被選上了。當時拿著公司給的獎狀和紅包，心裡竟沒有任何喜悅，甚至有點失落和沮喪。想到這六年來，這重複的工作就像這重複的日子一樣，枯燥無味，更讓我痛心的是，在這裡，沒有了事業夢想。」

這時有朋友介紹他到另一家公司工作，薪水很高。他很小心，先試用一個月。於是利用年假到新公司「就職」。這一個月給他的感受是：「天下的工作是一個模型刻出來的，不同的是我們對待工作的心態。」

這次經歷讓他徹底知道，任何一家企業都有好的和不足的地方。就像婚姻，要想與另一半長久相處，首先需要接受的是對方的缺點。在工作中，要摒棄掉「這山望著那山高」的心態。

於是，他靜下心來，對自己的處境進行了冷靜的思考，思考的結果是：要想讓工作和生活變得有意義，必須學習，提高工作能力。工作能力提高了，業績來了，這是一大樂趣；工作能力提高，不用加班，有助於更好地生活，這是二大樂趣。

他說到做到，利用工作之外的時間，開始學習。

不久，公司正式組成市場部。經過多輪篩選，他成功當上市場部經理。市場部的工作開啟了他職業生涯的另一扇窗。由於他具有豐富的業務經驗，再加上勤於思考，工作上進步很

快，他的表現得到了公司的認可。

「說到收穫，跳槽如果只是滿足於升遷、加薪，這兩者我在公司都得到了。」他說，「但我更看中的是在團隊中的價值，公司和團隊成員的信任不是短時間內就可以培養的。而且十年的『深耕細作』，讓我對行業有了很深的了解，每年的研討會，我的一些想法和建議公司都很重視，這讓我很有成就感。」

最後他總結：

「當然，我很慶幸公司給我了機會，讓我從事喜歡的工作，能夠發揮自己的能力。這也是我留下來的關鍵因素。」

他說得對，我們對待工作，就像經營婚姻一樣，若想從兩情相悅到長相廝守，還需要雙方的相互包容和努力才行啊。

在職場上，那些骨灰級的員工，之所以能夠藉助工作實現夢想，是因為他們會把夢想和工作完美地結合並付諸於行動。夢想一旦被付諸行動，就會變得神聖。

不要把事業夢想想得高不可及。實際上，夢想的大門一直在向你敞開著，有的門是虛掩著的，你要推；有些門是關上了，其實沒有上鎖，你要看；有些門看似鎖上了，其實鎖一拉就開；有些門確實鎖得很緊，但門的旁邊還有門⋯⋯不要遠遠觀望，就做出臆斷；更不要還沒行動，就告訴自己不行。

不管什麼時候，你都要告訴自己：夢想的大門隨時為我留著，讓我去開。

16.
有時候「最愛」比錢更重要

洛洛是我認識多年的「忘年交」，畢業於某藝術學校，家境好，人聰明機智，情商也高。畢業後，洛洛有錢的爹花高價找編劇，為他量身寫了一部劇本，又請了小有名氣的導演，準備讓他主演。

當一切事情準備就緒，就等他點頭答應演劇中男主角。然而，他卻把一段「我的名氣我做主」的影片傳給父母後，關掉手機，背起心愛的吉他，去打拚了。

氣得父母發誓再也不管他了。

實際上，洛洛瀟灑的背後，是充滿辛苦的。

洛洛畢業兩年，換了四份工作，第一份工作做了半年，第二份工作因失職，試用期沒滿被開除了，三個月的薪水也沒了。第三份工作，他沒做完一個月就離開了。第四份工作，是電視劇製片助理，沒有底薪，專案談好了能拿到獎金。

更為重要的是，如果表現好，能扮演一個小角色。

第四份工作，他做了快五個月了，只拿過一次專案獎金，兩萬元。

他說第四份工作沒保障，但他愛死這份工作了。他說為了

這份愛，他要堅守下去。前三份工作所受的苦，是為了迎接第四份工作。

「別問我明明可以靠臉吃飯，為什麼還要靠才華？」洛洛自嘲，「不為別的，只為了我的最愛。」

在星巴克那優雅的音樂中，洛洛笑得一臉燦爛。

看到他俊朗的眼眸下這陽光般的笑，我忍不住問：「你確定你真的愛這份工作？不想透過父母提供的捷徑成功？」

「這你就不懂了吧。」洛洛衝我神祕地笑笑，「工作和老婆一樣，是要陪我們一輩子的啊，不找個最愛的，那多無聊。」

所以，我佩服像洛洛這樣的年輕人們，為了追到所愛的工作，他們會在明明不用吃苦的時候，也要自尋苦頭吃。

「楊老師，你說聊天最大的樂趣是什麼？」有位叫小紀的男孩問我。

我的粉絲中，「忘年交」占五分之二。

我幾乎每天都會收到他們各種五花八門的留言。

起初，我還絞盡腦汁地回答他們的問題，但我發現，我的回答經常跟他們不在一個頻率上。後來我也不按套路出牌了。

「你說呢？」我把這個問題拋給小紀。

「哈哈，最喜歡跟楊老師聊了，跟我一樣狡猾得像狐狸。」小紀接著回答了他自己的問題，「聊天最大的樂趣就是跟你這樣

的人聊啊，在於『棋逢對手』，我說得你能瞬間理解。」

聽了這話，我暗自高興，幸好我機智，沒有講一大通道理。

「哦，這有點像愛情中情人的對話哦。」我說。

「完全正確。最鬱悶的事莫過於遇到一個長相符合你期望值，結果一開口完全和你在不同頻率……然後和你聊得非常開心的人，又完全不可能發展成男女朋友……伴侶不易啊，聊得來但長相又不過關，長相過關志趣又不相投。」小紀滔滔不絕，「聊天跟我們找工作是一樣的道理啊。」

「真正重要的是你愛的。」我揶揄道，「你愛了，什麼長相，什麼聊不來，全不是問題。」

「那倒是，為了所愛的工作，上刀山下火海我也在所不辭。」小紀說，「對於我來說，這才是好工作。」

什麼是自己所愛的工作？

就是無私地、全心全意地付出。這種愛，達到一定的境界時，就像父母對於孩子的愛，不會在乎回報。對這一點，小紀深有體會。

小紀從 22 歲大學畢業到現在，一直從事動畫編劇。五年了，沒有換過一次工作。

他剛做這行時，薪水不到 3 萬，因為喜歡，他堅持。他說，為了能夠讓自己跟得上其他人。小紀把生活過得像是苦行僧

一樣。

　　為了存進修的學費，小紀租了一間只夠放一張床的房子，每月交著不到 3000 元的租金。平時吃的都是最便宜的泡麵，把節省的錢全部用來報名動畫編劇培訓。

　　夏天太熱，他就選擇加班。他說，起初是想吹公司的冷氣，沒想到加著加著加出了「成績」。

　　他經常提前完成任務，許多創意就是在半夜加班時冒出的。

　　後來，小紀負責的一個專案，在為公司賺了一桶金的同時，也順帶讓他發了。他收入增加的同時，老闆特意為他在公司附近租了房子，方便他加班。

　　現在的小紀仍然是一個「工作狂」，雖然公司是週休二日，但他一週只休息一天。

　　朋友聚會時，大家一談到工作，就笑小紀是個「痴情」男，五年如一日地迷戀著自己的工作。

　　小紀並不生氣，他說他要把「初戀」變為「老婆」，守著這份工作，努力地愛，慢慢到老。

　　小紀談到自己的經驗時，說：「我從大一開始，就思考著以後做什麼工作。」

　　那時，他喜歡繪畫、寫作、電腦程式設計、主持、唱歌、設計等等。他在發展這些興趣愛好的同時，也是一個了解自

己、挖掘潛力的過程，看看自己適合怎樣的角色，因為不同的興趣愛好會把他引向一個完全不同的人生。

「我找工作就是『跟隨自己的心』，所以，一畢業我就只找動畫編劇。剛開始沒有經驗，我在試用期只拿基本工資。由於喜歡，我並沒有太在意。試用期過後，拿到 3000 元的津貼時還有點驚訝。」

小紀在談到自己的工作時，滔滔不絕：

「現在想想，如果只是為了錢而工作，一旦遇到挫折，我們一定會沮喪，更談不上熱情和忠誠。錢只能讓我們高興一時，但對自己的長期職業發展無益。而做一份自己熱愛的工作，你會從中獲得加倍的快樂和回報，所以一定要記得，永遠跟隨你的心。」

有一次，我在講課時問大家：

「大家認為什麼工作是好工作呢？請認真思考後回答。」

我的話音剛落，就有一個男生大聲回答：「像女神一樣的工作。」

我笑著問那個男生：「你現在從事的工作是你的『女神』嗎？」

他不好意思地摸摸後腦勺，幽默地回答：「當然了。否則我不會一做就是八年。」

「八年？」我頗為驚訝。

「楊老師，他是我們的行銷總監。讓他講講他和女神的愛恨情仇。」

臺下的學員起鬨。

他大大方方地說：「說實話，我一開始並不喜歡自己的工作，覺得這工作不是一般的難。

被各種人嫌棄，有時連自己也覺得自己煩。但我這個人有一個好習慣，一旦選擇了做某件事，就非得把這事做好不可。當時有朋友介紹了各種高薪工作，我都不為所動，在這一份工作上的固執。我覺得自己更怪的是，工作中遇到的困難越多，我越迷戀它。」

說到這裡，他笑起來，說：「在解決困難的過程中，那真是一種享受。現在我明白了，我在工作中能有這種心態，是因為我的好習慣。我習慣了征服工作，當我把工作中擋路的絆腳石踢開後，我便可以與那看似高高在上的成功接觸。此時我覺得這份工作終於臣服於我的腳下了。當它一次次被我征服後，我愛上了這份工作。在心裡把它當成了女神。這些年我雖然歷經挫折，遇到過誘惑，卻在抉擇的關鍵時刻，還是堅定地選擇了留下。」

臺下響起熱烈的掌聲。他不忘囑咐大家：

「你們記住了啊，在選擇工作時，即便你不小心選擇錯了工

作，也不要輕言放棄，或許你會把它打造成你的『女神』這樣你就不會移情別戀。」

在職場上，當我們選擇真心熱愛的工作時，能夠發揮我們的潛能，即便每天做重複的工作，也不會感覺到枯燥、無聊；即便遇到困難，也不會輕易放棄。

但是有些時候，我們可能在一開始是無法自由選擇自己所愛的職業的，只能被迫做出一些不符合自己愛好的職業選擇。在這種情況下，你千萬不要以敷衍的態度去應付工作，而是要學會去愛自己的工作。因為人是一種習慣動物，一開始你並不一定知道自己的興趣所在，你可以讓習慣引導你的職業生涯。

17.
知道你能力的邊界，才會成功

幾年前，我在面試員工時，有一個人是一個頗有工作經驗、能力很強的男孩，在與他交談時，發現他不但具有敏捷的思維能力，還富有創新的精神。

愛惜人才的我當時就決定錄用他，告訴他，如果方便，明天就可以來上班。

見我這麼賞識他，他不好意思地說，他想來我這裡工作，就是為了鍛鍊自己持久的能力。這幾年中，他去過四五個公司，每去一家公司，他一開始做得都不錯。但漸漸地，他就煩了，厭了，然後就辭職走人。

「我總是覺得憑自己的能力，完全可以自己創業當老闆。」他說，「總是當員工，我覺得不甘心。」

他身邊的同學和朋友，有許多都沒有他聰明、能力強，但他們不像他這麼跳來跳去，所以過得比他好多了。

我告訴他：「你現在發現了自己的缺點，就是一大進步。」

最開始工作時。不得不承認，他的工作能力不是一般的強。他工作上手快，又肯吃苦，業績不斷上升。

一年後，我發現他對工作熱情大減，在工作上無法超越

自己。

有一次，他找到我，說現在對工作越來越沒有興趣，問我能不能在公司給他換換工作。

我沒有答應。只是告訴他，任何一份工作，隨著時間的消磨，都會變得重複，如果你把寶貴的時間用在不停地嘗試、追求新鮮、刺激上，那麼你永遠無法超越自己。

他問：那我怎麼辦？

我說：「越是感到工作枯燥，越是不想做什麼，越去做那件事。記住，當你覺得工作最難做的時候，也是你的自我能力提高的時候。」

他長嘆一口氣，說，試試吧。

L 人長得文文靜靜的。

她剛來我的公司時，什麼都處於零基礎。但她很清楚自己，之所以選擇當業務，是因為她覺得自己擅長跟人打交道。

第一個月時，她在不太熟悉的情況下，就達到了公司要求員工第三個月的目標業績。

看她能力這麼強，公司提前讓她轉為正職。

她並沒有沾沾自喜，而是對自己進行了分析，她覺得自己能做出這樣的好成績，能力其次，重要的是她完全融入了公司文化，藉著團隊的幫助，才施展了自己的才華。要想繼續保持

這樣的成績，必須加強能力，只有這樣，才會不斷創造成績。

接下來，她針對自己身上的優缺點，開始不停地調整自己。利用下班時間對工作做總結、訂下短期和長期的工作計畫。

一年後，她因工作突出，公司提升她為分部經理。她上任不到三個月，就向提出不想當經理。她認為自己欠缺管理能力。

公司尊重了她的意願，讓她專心當業務。她在短短三年時間裡，業績達到百萬。成為公司中最有潛力的員工。

在談到工作經驗時，她說：「我們在工作中，要不斷拓展自己的疆域，試著了解一些看似無用的東西，說不定什麼時候，這些累積就會在關鍵時刻給你提供一個新的可能性。」

接著她舉例，她雖然是業務，但平時特別喜歡跟一些當會計、編輯的朋友聊天，她從會計的朋友那裡學會了細心。她在接待每一個顧客的時候，會把他們的資訊細心記錄下來。她跟著當編輯的朋友學會了耐心，每當她在工作中感覺到不耐煩時，她會要求自己靜下心來，謹慎行事。

在工作中，保持一種專注而積極的姿態，不斷除錯自己的工作方法和心理狀態，在這個過程中潛移默化地擴大自己能力的疆域，各種機會就會源源不斷地找上門來。

我是一位講師，但我會唱歌、舞跳得也很好。我的那些員工，在僱用他們時，會要求他們學一兩樣才藝。

講課是很枯燥的，一講就是一兩個小時。我在講課過程

中，會唱歌來調動氣氛；偶爾也會跳跳舞。

這樣一來，我講課時的學習氣氛會變得輕鬆，大家聽課的興致也很高。

我再回頭說我的那個員工的事情。他沒有堅持下去，不久從我這裡離職了。半年後，他又回來了。這次，他再也沒有走。

他能留下的原因很簡單，就是斬斷自己所有的退路。他說：「我離開公司後，沒有去找工作，而是按照自己的意願開了一個店，明知道這店不會賺錢，還是把店頂了下來，我賠光了所有的積蓄後，發現自己不適合當老闆。這回我終於認清了自己。」

所以，勇於嘗試並懂得適時退回到自己最合適的位置，這不是懦弱的表現。相反，能承認自己的局限，在個人的局限性中有效地燃燒，是一種難得的智慧。

18.
痛不欲生的事情會讓你變得更堅強

有一年，我在推銷產品時，熱情地邀請行人來我這裡看看。

一個中年男人走出來，我看到他就主動上去對他說：「大哥，您好，打擾您幾分鐘時間……」

他張口就爆粗口，並推了我。

那一刻，我驚呆了。雖然我遇到過很多無禮的拒絕，但像這種蠻橫無理的粗暴拒絕，還是第一次遇到。

當時，我第一次感到了憤怒，但我忍了下來，微笑著對那位大哥說：「抱歉，打擾您了。」

那是一個飄著細雨的末秋，天氣很冷，我的心更冷，感謝雨水，流下來擋住了我的眼淚，讓我的眼淚看起來更像是雨水。

這件事情發生以後，我開始重新審視自己的工作方式。心想，這位顧客對我發火，一定是我的言行有不妥之處。每個人都有不如意的時候，或許那位顧客當時心裡正煩，想安靜一下。

「以後跟顧客交流時，除了熱情外，還要學會察言觀色。」我對自己說。

果然，我後來再也沒有遇到這種問題。

小艾是我的一個親戚。幾年前，英語不怎麼好的她，順利

地進入一家外商公司當總經理助理。

　　一般來說，在外商公司工作的員工，懂英語是必須的。何況，還是總經理助理。

　　只是因為當時正值年底，員工離職的多，這個公司處於急需用人的階段，大家就想用她一段時間後，再找更合適的人。

　　小艾去公司後，因為大家都知道她的學歷，對公司不打算長久用她的事情也心知肚明。

　　所以，指使她時也不留情面，幾乎什麼雜事都讓她做。

　　有一次，她臨時被派去接待一位外國客戶，鬧出不少笑話。她差點被開除。

　　她下定決心要苦讀，花錢去學英語。

　　在公司裡，她繼續被同事們使喚，幫因事請假的同事去送貨。做事沒有規畫的她，為了在短時間內把貨送給客戶，她硬是逼著自己學會計算時間、事先查好路線。

　　策劃部的同事忙碌時，會叫她幫忙校對廣告文案。平時喜歡寫東西的她，為了提高自己的能力，就規定自己每天讀一些相關的文字。

　　那段時間，她邊工作邊學習，雖然很忙，但她把時間管理得很好，工作和學習非常有效率。

　　半年後，公司人事部門的主管找到她，告訴她，從下個月

起，公司特意為她設了一個職位：部門總助理。

也就是說，讓她協助參與各個部門的工作。

據說這個職位是各個部門的同事向老闆提議的。

小艾對我說，她現在想起剛進公司時，每天在火車、公車上戴著耳機背英語，四處送貨，晚上睡覺前加班寫廣告文案的時，她說感到無比的美好！

不管是剛剛步入職場的新人，還是在職場已經打拚了一段時間的老員工，面對工作，面對同事、主管，我們總會遇到一些煩心事，總會遇到一些讓我們難看，給我們出難題的人。這個時候我們難免會抱怨，久了，我們還可能將這些人當作自己的敵人。其實，應該感謝那些給你逆境的所有人，因為看低、諷刺，都會讓你遇見更強大的自己。

「這麼難的工作，憑什麼分配給我？」

「我每月只拿這點薪水，為什麼還要額外做這些工作？」

「工作壓力讓我無法承受了！」

不是你的事，你可以不做，不做你也沒錯。但是，不是你的事，你做習慣了，做上手了，做擅長了，能力就變成你的，功勞也變成你的，很快名利就都跟著來了。

所以，你要記住：

讓你煩惱的人，是來幫你的人；讓你痛苦的人，是來教你

的人；讓你怨恨的人，是你生命的貴人；讓你討厭的人，恰恰是你人生的大菩薩。他們都是你自己的不同側面，都是另一個你自己。感謝一切的發生，發生的一切必有利於我成長！人與人之間的緊密關係比生意本身更重要！心中能容多少人，事業就能做多大！

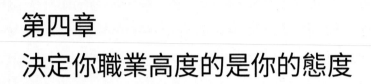

第四章
決定你職業高度的是你的態度

19.
決定你職業高度的是你的態度

親戚的女兒小然大學畢業後，在一家公司做企劃。她工作三年了，每月薪水不到三萬元。

「我並不是嫌錢少。」小然向我訴苦，「我覺得在這家公司沒有前途。你讓我去你的公司吧。我想讓你帶我，當一個職業講師。」

小然家境不好，所以，她每月都會給家裡兩萬塊，自己只留下一萬。因擔心辭職後找不到工作，她才做到了三年沒有換。

我印象中的小然是一個很努力、很有責任感的姑娘，在這個年輕人愛跳槽的時代，她能三年不換工作，實屬不易。除了她的家庭條件外，也說明她喜歡這份工作。

我雖然想幫助她，而且我這裡一直缺人手，她能夠來我這裡，與其說是我幫她，不如說是她在幫我。

不過，我覺得讓她捨棄這份做了三年的工作有點可惜。

於是，我勸她再考慮考慮。

她答應一個月後給我回覆。

見過我工作的人，都說我是工作狂。平時工作中，若忙起來，我能夠連續工作十個小時，忘了吃飯是常有的事情。

一個月中，我有二十天在外講課，或是到分公司處理事情。受我的影響，我的徒弟和我一樣，成了名符其實的「工作狂」。

「你們別像我這樣累，我加班已成習慣。你們還年輕，要注意休息。」我不想讓我的員工成為像我一樣累的人，就這樣勸他們，「說句實話，我是老闆，忙是應該的，畢竟，公司是我的，賺得再多也是我的嘛。」

「哈哈，楊總，你當我們加班跟你一樣累啊，這麼想你就大錯特錯了。我們加班是在休息，跟客戶聊得不僅有工作，還有生活。」

員工 V，大學畢業後，就來我的公司。工作四年，他每月拿的獎金比我講一堂課還多。

「楊總，告訴你一個在工作中休息的竅門。」美女主管笑著說，「跟客戶互動時，我會給他們跳你教給我們的獨門絕技 —— 健美操或是唱歌。有的客戶興致來了，還叫我們教他呢。」

「呵呵，我們厲害吧。」他是小張，剛到公司時，他家裡發生了變故，他的妹妹意外去世，父親早逝的他，挑起了家裡的重擔。家庭的處境讓他變得性格內向，說話就臉紅，現在跟著我講課，課前互動時，他會先唱歌帶動氣氛。

「你都不看看我們是在誰的手下做事？」

「你也不看看我們年輕人多麼會工作。」

……

我好心的提醒，被我這些年輕的小夥伴一頓轟炸。

但我又不得不承認，正是他們對工作的這種樂觀的態度，才讓公司充滿了活力。

每次公司有新同事來時，我會告訴他們：「工作能力差沒關係，我當年工作能力差透了，但我把工作當成維持生計的唯一路徑來對待，事實上它也是。這樣我會全力以赴地來工作。對工作，要拿出態度來！

我堅信，有了正確的工作態度，你不想做好工作都難，你不想拿高薪都難。

於是，就是這一支年輕的團隊，不管下班後多麼放鬆，一到公司，投入到工作中，就熱情無比。

他們在這裡，工作業績雖有不同，拿的薪水也不同，但他們工作過程中的成就感都是相同的。他們在各自工作中的表現。我給他們通通打 100 分！

所以，當小然向我訴苦時，我是不理解的。我相信，小然來我的公司，一定會有所改變的。

剛好，我到小然工作的城市講課。

講完課後，我特意把回程的高鐵安排在晚上，下午講完課，我去小然的公司找她。

小然所在的公司，規模不小，公司的環境也不錯。我到時

已經到了下班時間，但各個部門的員工卻沒有下班。

你如果覺得他們是在加班，那你就錯了。

女員工有的在打電話，有的在拆包裹，有的在談論老公、孩子。再比如小然她們，滿臉喜悅地聊化妝品、韓劇中的帥哥。

男員工中，有的在談論足球，有的在用社群平臺，有的在講海賊王，有的在打電腦遊戲。

總之，大家比上班時間還忙。

磨蹭了快一個小時，小然才打卡。

在路上我問她：「你們這算是加班嗎？」

她搖搖頭。

「不加班，為什麼不走？」我詫異地問。

「老闆這幾天在外出差，無法監督我們，就用電腦看我們的工作情況。」她笑得一臉燦爛，「所以，我們就都不走。」

我聽了瞬間愣住。

作為一家公司的老闆，我沒有想過同事會用這一招來騙老闆。

有句話叫，騙人就是騙己。他們用這種消極的態度對待工作，其實也是在拿自己寶貴的時光下著必敗的賭注。

那一刻，我明白了小然為什麼三年不漲薪水了。

我甚至於驚訝這家公司太強大，三年時間，居然沒有被這樣一群員工給整垮，這也算奇蹟。

作為公司老闆，連員工基本的工作態度都無法改變，如何讓公司發展？

作為員工，你連基本的工作態度都沒有，何來的美好前途？

小然最後沒有來我的公司工作。

那次過後，我建議她請幾天假來我公司「熱身」。

她來公司後的第三天，決定辭職跟著我。

在聽我講課後，堅定了要當講師的決心。

來公司的第五天，跟我公司的員工一起工作時，她改變主意，決定留在原公司。

在第七天結束時，向我提出到他們公司去講課。

因為我的講課費用高，她怕說服不了老闆。

我明白她的良苦用心，她對自己的公司有著深厚的感情，想讓我的課改變公司的現狀。

她是一個很有前途的女孩。我破天荒地答應等她賺到錢，再付我講課費的要求。

人本來是有很多潛能的，但是我們往往會對自己或對別人找藉口：「管它呢，我們已盡力了。」

事實上盡力是遠遠不夠的，特別是現在這個競爭激烈、到處充滿危機的年代。常常問問自己：

「我今天是在老闆面前裝裝樣子，還是全力以赴地把工作當作唯一生存的途徑，拚盡全力去工作？」

當你想懂了這個問題時，你再去找工作吧！

20.
在自己的世界裡「我行我素」

他是私生子，他的母親在懷著他時就決定把他送給別人。他的養父母家並不富裕，但讓他接受了完整的教育。

他從小就不是讓人放心的孩子，性格孤僻、偏執、不合群，愛惹事。養父母好不容易讓他上大學，他卻在半年後輟學。

離開學校後，他在一家公司工作，因為不合群，老闆只讓他晚上工作，與其他同事錯開時間。

他雖然技術一般，但有頭腦，又天不怕地不怕、固執，還有死纏爛打的本事。在他的帶領下，他與兩位朋友成立了電腦公司。

他是一個典型的工作狂，他對自己的工作要求是到完美和極致。製造產品時，他注重技術，但更注重技術帶給人們的使用體驗，到後來，他對於使用體驗的追求更加強烈，甚至到了偏執、不計後果的程度。

在他眼裡，只有兩種人：一種是像他一樣，天才型的工作狂；另一種是他瞧不起的平庸之輩。

他令人難以忍受的個性，在創業過程中反而成為優點，是他的公司成功的關鍵因素之一。在他的堅持下，公司走上了正

軌，為他以後的輝煌創造了基礎。

幾年後，他創辦的公司股票上市，他的資產達到了上億美元，25 歲就成了億萬富翁。

但不久他被公司開除，開始了十年流放之路。

對於他來說，這十年的流放之路顯得彌足珍貴。如果他不被流放，就永遠還是那個狹隘、狂妄、目光短淺，除了對電腦和佛教熱愛之外，對於世界一無所知的人。

正是流放的生活，為他開啟了另一扇門，讓他接觸到了更廣闊的世界。他用 1000 萬美元收購而成立了一個動畫工作室，讓他脫離了電腦的小圈子，在另一個領域闖出了名號，不僅給他足夠的收入，還讓他具有了更加廣闊的視角，他清楚電腦只是產品中的一種，而所有的產品實際上又有著共同的特徵：必須讓使用者喜歡，肯為它花錢。當做到這一點，電腦已經不是電腦，而是一種品牌。

1996 年，他再次回歸公司。把電腦設計得與眾不同。為了讓人們喜歡，他更加追求產品的完美，甚至比以前更加過分，為了達到完美的設計，他嚴格地控制著產品的每一個環節。

在電腦領域，他推出了 iMac、MacBook 等產品，還推出了能夠塞入一個信封的 MacBookAir，重新定義了什麼是電腦的品味。隨後 Apple V 和 iTunes Store 等一系列產品受到了市場的好評和認可。

2007 年 6 月 29 日，公司又推出自有設計的 iPhone，使用 iOS 系統，隨後發布新一代 iPhone 3G 以及 iPhone 3GS。

2010 年 6 月 8 日又發布第四代產品 iPhone4，每次上市都引起瘋狂和熱潮。

他，就是賈伯斯。

佛曰：一花一世界。每個人都有自己的世界，你要想在自己的世界裡我行我素，就得像賈伯斯一樣，有「我行我素」的資本。這些資本就是，正確的評估自己的天賦和才能。

盛夏的七月，我見到了闊別多年的中學同學。

他租的畫室，裡面擺放著他這些年的畫作。有海景畫、夜景畫、街景畫、山水畫、油畫……

「這哪裡是畫室，分明是一座充滿詩意的野外風景。」我由衷地讚歎，「讓人感覺進入了飄緲的仙境。」

他微微一笑，說：「在我看來，這裡不是仙境，而是由不同故事串成的一個世界。每一幅畫，我都能講出一個美好或是悲慘的故事來。」

「這麼有意境的畫，一定有很多人想買吧。」我對這些畫愛不釋手，想要一幅，又不知道如何開口。

「是呀。」他說，「我捨不得，感覺這些畫缺了一幅，我的世界就不完整了。」

「有些東西，並非是用金錢來衡量的。」我發自肺腑的說。

這位朋友，自小愛畫畫，大學畢業後，他沒有找工作。而是背起畫冊，在全國各地遊山玩水，尋找靈感。

需要錢時，他就在路邊擺攤為路人畫肖像；十幾年來，他居無定所，但他卻在這種飄泊中，畫下了許多珍貴的畫作。

這些年來，不理解他的親朋好友和周圍的人，說什麼話的都有，每次他聽到時都一笑而過。

「過段時間，我要舉辦畫展了。」他平靜地說，「有幾幅畫在國外獲獎，朋友們催著我辦畫展。但我這畫室裡的畫，我要留下來。」

「為什麼？」我有點惋惜。

「這些畫是在我最艱難時畫的。」他滿足地說，「當我一無所有只有靈感時，它們就像從我精神世界中的神靈，走入我的心，透過我的畫筆，成為現在的樣子。」

「它們是你的得意之作吧？」

「不，它們是我在這個的浮躁社會裡，喚我回歸淡泊寧靜的天使。它們贈我安寧的世界。」

他佇立於畫作下，抬頭望著牆上的畫，眼眸裡流露出熾烈的愛。

這是一雙多麼清亮的雙眼，他靜靜地望畫，我默默地望

他，認真傾聽他溫和的話。這一刻，他不再是那個曾經桀驚不馴的少年，而是成熟穩重的孩子。

「我們都需要這樣一個世界，這個世界因為有夢想，能讓我們放棄一些所謂的名利，不在乎別人的眼光和評價，讓你不計後果地去追尋。在這裡，沒有失敗和後悔，只有忘我的專注和從心底冒出來的快樂！」他的話讓我震驚不已。

我們要想讓自己的世界變得足夠強大，不是你看了幾篇心靈雞湯，或是看了一些名人的勵志格言，就能做得到的。而是需要你真心的熱愛你身懷的「絕藝」。

在這個世界上，我們無論做什麼事情，都要胸懷大志，並努力深刻地理解這個世界，才會被這個世界所接納。

所以，當我們選擇一份熱愛的職業時，就要全力去做。不要管別人怎麼說，更不要被腐舊的條條框框所限制，在條件允許的情況下，勇敢地追求自己的喜好。

只有這樣，你才能在屬於你的世界裡心無旁騖地書寫你的故事！

21.
想要到達繁華，必經一段荒涼

「楊老師，現在公司的老闆都這麼狠嗎？我工作這麼多年，第一次遇到這麼沒有人情味的老闆。」

K 年輕漂亮，在一家公司當編輯。

我不知道，這是她第幾次向我發牢騷了。

「你畢業兩年了，如果我沒有記錯的話，你工作才一年多吧。」我提醒她。

「別看我才工作一年多，但我換三份工作了。這是我的第四份工作。說實話，前三份工作都比我現在的這份工作好，收入高，也輕鬆，我就是嫌遠才辭職的。」她振振有詞。

「前三份工作中，第一份工作是公司嫌你沒有經驗，第一個月就開除你了。第二份工作，你試用期還沒結束，公司就以你不適合那份工作為由開除你。第三份工作你嫌錢少才辭職的。」這些話，都是她對我說的。

或許她忘了。我沒有點破她。

她繼續抱怨：「真是太不公平了！工作都我一個人做。別人不就是有幾年的工作經驗嗎？試用期一到，就被調到業務部門了。薪水高我一倍，每天見客戶時，穿著高跟鞋、套裝。哼，她不就是運氣好，在試用期談成一筆訂單，哼，憑什麼！」

聽著 K 的埋怨，我沒有像以往那樣苦口婆心地勸她。而是心平氣和地對她說：「天下沒有免費的午餐，你想在生活中擁有繁華，就得經過一段荒涼的路程。」

「什麼叫繁華。我從小到大，從來不追求什麼繁華，也不想去追求，只想輕輕鬆鬆地過日子，有一份收入不錯的工作即可，我可不想當女強人，經歷那些滄桑和荒涼。」

K 雲淡風輕地說。

我笑了，說：「你說的輕鬆日子、高薪的工作，就是你心中想要的繁華。你若想擁有，就得付出對等的辛苦。」

「什麼？我這麼低的要求，也稱得上是繁華？」她驚訝地問。

什麼是繁華？並沒有確切的定義，但是一千個人眼中就有一千種「繁華」。

有這樣一個天才，他有著讓人無比羨慕的風光事業：

從 2003 到 2011 年，他總共賺了近百億。

然而，他在風光的背後，付出的是不為人知的代價：

左膝扭傷、雙耳暫時失聰、左眉骨破裂、髖部受傷、右腳踝扭傷、左腳踝接受手術、腳趾骨折、左腳植入一根鋼釘，右腿脛骨骨裂，左腳骨裂，腳踝骨折。總之，他這無比風光的 9 年，竟是一部鮮血淋漓的歷史，從頭到腳，共經歷過 30 多次傷痛或手術。

他就是姚明。

伏爾泰說過：「不經巨大的困難，不會有偉大的事業。」

是的，人生就是如此：你想要什麼樣的繁華，就得吃相對應的苦頭，而這些苦，沒有人能夠幫助你，你必須親自去經歷，去感悟。

在我們的一生中，有些路注定是要一人走的，有時候，即便我們經歷了一段荒涼的日子，也不一定能得到想要的繁華，但是卻會讓你收穫一種莫名的力量。這種力量能夠讓你感受到自己的節奏，讓你以跟世界不同的方式獨自運轉著，從另一種途徑走向目的地。

所謂成功者，就像王國維定義的那樣，經歷以下三種境界：

一種境界：昨夜西風凋碧樹，獨上西樓，望盡天涯路；孤獨的前行者二種境界：衣帶漸寬終不悔，為伊消得人憔悴；堅定的實踐者三種境界：眾裡尋他千百度，驀然回首，那人卻在燈火闌珊處。我們只要回顧一下看過的傳記，就會發現，他們無一不是經歷了以上這三種境界。

他們今天的滿身光環，曾經是昨天那個屢戰屢敗、在逆境中苦苦掙扎的落魄人；今天風光無限的他們，曾經是昨天那個咬著牙、流著汗十年如一日堅持的人；今天西裝革履，意氣風發的他們，曾經是昨天那個頂著烈日、冒著寒風四處奔波的人……他們在收穫繁華時，也曾經收穫過生活中的酸澀與苦難。

　　所以，我們要想在有限的生命裡做出一番成就，就得經歷這樣一段「荒涼」的路程，這段荒涼之旅，是命運之神用來渡你的，你只有嘗盡人世最苦的滋味後，才能享受並珍惜這人世最華麗的繁華！

22.
不要把這個世界讓給你鄙視的人

「努力吧，不要把這個世界讓給你鄙視的人！」

「這個世界上，人有多溫暖，就有多冷漠，你不得不逼著自己更優秀，因為身後許多人等著看你的笑話。」

每當我看到這些勵志名言時，會忍不住感慨一番。

是啊，我們憑什麼要把這個美好的世界，讓給那些鄙視我們，看我們笑話的人呢。

我剛工作時，同事 H 幾乎要成為大家的公敵了。

H 是一位長得非常漂亮的女孩：長髮飄飄、膚白明眸、紅唇皓齒，苗條身材穿什麼好看。

那時她二十五六歲，青春妙齡，又有奪人眼球的美貌，加上嘴甜，你可能會覺得她是一個女神。

但如果你能面對真正的她時，我保證真實的她會顛覆你的幻想。

我是男生，和所有人一樣，當初第一眼看到她，也想追求她。

可是，當我和許多平凡的男生了解她後，就是打死我，我也不會再「喜歡她」。

她的做法讓人不敢恭維。她有無數張面孔。

看到老闆是一張諂媚奉承的臉；看到客戶是一張偽裝熱情的臉；看到對她有一點利益的人是一張巴結的臉；看到她那個已婚情人則是一張嬌羞嫵媚的臉；看到在工作上的同事，則是一張尖酸刻薄的臉。

「就你這水準，要不是公司養著你，你就要餓死了。」

開會時，和我一起進入公司的同事 D 在說到自己的年底目標時，H 就嗆了 D 一句。

她還經常搶同事的客戶。

哪個同事要跟其他客戶簽約了，她就說：「這是我的客戶。」然後憑著她的臉，把客戶搶走。

同事多次告訴老闆，都被回一句「一個巴掌拍不響」。我們能聽懂他的意思：「你們有本事就從她手裡把客戶搶回來」。

她的工作業績，在兩年中，還沒有任何一個人能超過。

因為討厭她這個人，同事們從不跟她說話。

而她，從來就不在乎，每天像一個驕傲的孔雀，也不看我們一眼。

我們恨死了她。有好幾個同事在跟她發生過衝突後，就選擇辭職離開公司。

我離開時，和我一起進去的 D，也就是被她嘲笑「年底目

標」的同事，堅決地留了下來。

D 說：「我不走，是因為我不想把這個世界讓給自己鄙視的人！」

D 這個醜小鴨，果然沒有食言。八年當中，親眼看著 H 由輝煌到衰敗。

D 憑著自己的實力，一步步地成為經理。

幾個月前，朋友的公司空降了一個部門經理 F。在面試時，F 無論邏輯、業務能力、表達能力，都讓我的朋友很滿意。在面試後 F 後，朋友便通知 F 來上班。

F 來後，沒有讓朋友失望，按照朋友的部署，對公司現有的產品、流程、制度等提出意見。雖然有些意見尚顯稚嫩，但只要加以改進，仍然有很多可取之處。

看到 F 每天早早來公司工作，有時還做著下屬做的工作，朋友在心裡感嘆著她對工作的敬業，慶幸自己找對了人。

一段時間後，F 部門的工作成果甚為可觀。

雖然業績進步了。但告 F 狀的同事多了起來。

「F 剛來公司，哪裡有我們這些老員工熟悉工作。」副總向朋友訴苦，「在她手下工作，太累了。她做事太吹毛求疵，我提的每一個方案，她都要叫我改好幾次，純粹是浪費時間。」

「F 思想太落伍了，你看她為產品設計的包裝，太老氣了。」

F 的助理向朋友發牢騷。

「F 能力很一般。你看她上班不到三個月，幾乎每天都要加班。而且她加班的效率，跟我們不加班的效率是一樣的。」F 的下屬不滿地說，「我覺得她加班，是故意做給您看的。」

……

作為老闆，對每一個員工的批評，表面上不表態或是模糊回復，但卻看在眼裡。

不得不承認，改過的方案，確實好多了。

F 設計的包裝，雖然不時尚，但產品是根據客戶需求，賣給老年人的，花俏的圖案，並不能吸引他們的注意力。

關於加班是否有效率？從這段時間部門的工作進度就知道了。自從 F 來後，部門的業務蒸蒸日上。

面對老員工對 F 的「投訴」，朋友在安撫他們後，一笑了之。

看到下屬對 F「滿腹怨言」，朋友能想像 F 在安排工作時，他們的態度。有一次，朋友路過 F 辦公室，聽到一個老員工在跟 F 頂撞。

「你才來公司幾天，我都來公司五六年了。」老員工不屑地說。

朋友回到自己辦公室時，想起 F 一臉困窘，真擔心 F 被這幫老員工「整」得想辭職。

慶幸的是，F從來沒有找朋友訴苦，更沒有提出過「辭職」。

「我不會在乎這些的，他們的批評正好讓我看到自己的弱點。我在這裡還沒有發揮出最好的狀態呢，憑什麼要讓給那些對我質疑的人。」

有一次，F在彙報工作時，朋友有意提到同事之間的相處之道時。F微笑著說了上面的話。

每個人的最終歸宿都是一樣的。為什麼我們明知生命的結局早已經注定，卻還願意這麼辛苦？或許每個人都有各自認為合適的理由，但我認為是：他們不甘心把這個世界讓給那些等著看笑話的人。

當我們在人生低谷時，被人落井下石；當我們做出成績時，被人誹謗；當我們不思進取時，被人罵；當我們走向成功時，人紅是非多……總之一句話，你無論如何做，總會被人評頭論足、嘲笑譏諷。所以，與其活在別人眼裡，不如像D、F一樣，對那些否定你、企圖打敗你的人和事一笑而過，靜下心來好好愛這個世界，好好做你的事情。記住 —— 千萬不要把這個美好的世界，讓給那些讓你鄙視的人！

23.
拿什麼來 Hold 住你的夢想

有一次我到外縣市講課，鄰座的一個年輕男孩，主動跟我聊天。

他說他叫 L，是一家廣告公司的老闆，年薪達到七位數。

我看他年紀不超過 35 歲，忍不住問他是怎麼做到的？

他告訴我，幫助他實現夢想的是一個暗戀他的人。

12 年前，他來到現在這家廣告公司工作。由於工作繁忙，他晚上經常加班。

他感到奇怪的是，每次加班，他的好友中，總有一個好友跟他一樣。這個好友一到晚上十一點，就會告訴他：工作再忙，也不要超過十一點半喔。

一開始，他出於禮貌，會回一句「謝謝」。久了，他就不理會對方的訊息。但他卻養成了加班不超過晚上十一點半的習慣。

如果工作太忙，為了不忙到晚上十一點半，他會在白天加快工作進度。

兩年後，他升為部門總監，工作更忙了，有時六日也加班，女友經常為此跟他爭吵。

他晚上加班時，怕影響女友，就乾脆住在公司宿舍。

有一次，晚上十點多時，他忙完工作後關掉電腦就休息了。

第二天那個一直陪伴他的好友，問他：「你昨晚沒加班？」

他如實回道：「十點就忙完了。」

對方回：「太好了，你加班時間減少，代表你的工作能力提高了。以後盡量不要加班。」

雖然不知道對方是哪位好友，但他出於禮貌，說道：「我看你也是經常加班啊。」

「沒有啊。」對方回答，「我們公司從來不加班。」說完傳來一個笑臉的符號。

他忽然有些感動，正要說些感謝的客套話時，卻看到對方說：「現在是上班時間，不打擾你了。」

出於好奇，他點開對方的個人頁面，只顯示是個女的。

他想了想，確定這是一個沒見過面的網友，就沒有在意。

接下來的工作和生活一樣重複。不同的是，加班的頻率越來越少，但工作效率越來越高。

五年後，他由部門總監升為副總。職場順利的他，愛情卻不順利，女友離他而去，那些日子，他用「加班」來療傷。

每次他加班時，那個好友，會在網路的另一頭「陪伴」他。

在一個沒有加班的晚上，他突然決定，要見一見這個「網友」。

故事講到這裡，他話鋒一轉，說道：「在見她之前，直覺告訴我，她或許是自己此生要等的另一半。」

他第一次見她，便深深地愛上。她不是那種漂亮得驚豔的女子，但清純明朗的眼眸、燦爛的笑容，以及舉手投足間的優雅，都讓他喜歡。

她是雜誌編輯。她說，當年他第一次加她好友時，從不加陌生網友的她，竟然鬼使神差地接受了。後來他主動介紹自己的工作，並把真實姓名和公司地址告訴她，說以後有機會合作。

她被他對工作的態度打動。

後來，她喜歡上了自己的工作。為了能更好地工作，她在工作之餘多次進修，並用自己的興趣愛好，來充實美好的生活。現在的她，是主編。

他確定沒有見過她，但為何有一種似曾相識的感覺？事後他想，或許是她長久的陪伴，已經成為習慣，當這種習慣深深地植入對方的骨子裡時，他們彼此長成了對方的樣子。

她用自己的方式愛著他，整整八年，一直不敢表白，原因是：怕被拒絕。二是怕被拒絕後連朋友也當不成。

現在，他們結婚四年，兒子三歲，他們之間的感情越來越好。

一場優質的愛情，不但能把真愛的故事延續下去，還能讓兩個彼此相愛的人變成同樣優秀的人。

　　這個世界上，從來不缺單戀的愛情故事。但是能像他們這樣，把愛和事業演繹得這麼完美的，還真是很少。

　　凡事都有原因，我相信，能夠成就他們彼此事業的，是他們專注的習慣。而這種習慣，皆是因為他們是兩個有著良好品性的人。

　　我有個朋友，他的事業夢想是當個生意人。

　　他頭腦靈活，也很多想法。學生時期，經常利用業餘時間創業。

　　他第一次創業是在他們宿舍，那時，室友們半夜肚子餓，他就賣一些泡麵、麵包給他們。每包泡麵、麵包各賺幾塊錢。

　　大三時，他覺得賺錢太慢，就借了一些錢，然後用頂下學校附近的一個雜貨店，僱用親戚幫忙。

　　因為顧客是學生，起初生意不錯。然而他開了不到一年就關門大吉。原因是顧客太少，學生窮，賺不到太多的錢。

　　而真實原因則是，同學們嫌他賣的價格太高，就到別的商店了。

　　大四時，他和幾個朋友合夥開餐廳，貸款、裝修、開始營業。然而，到他大學畢業就關門了。

　　大學畢業後，他拒絕到公司上班，認為那是虛度青春。他開過網咖、飲料店，每次都不到一年就做不下去了。

最近，他在做電商，做了一段時間後，他發現自己人脈太少，又決定改行了。

他向我感慨，錢太難賺了。自己一直在當老闆，可人到中年，不但沒賺錢，還欠債。

「你比我創業晚好幾年，怎麼這麼快就成功了，告訴我你的成功經驗。」他說。

我說：「要養成一個專注的好習慣，創業更是如此，要沉得住氣——」

「哎呀，老同學，你就別跟我賣關子了，別總是說教。」他打斷我，「賺錢這事要趁早啊，人們不是常說要多嘗試嗎？」他說著看看我，無奈地搖搖頭，我們都陷入沉默。

你是什麼樣的人，就會遇到什麼樣的人，焦慮的碰到不安的，暴躁的遇見火爆的，虛偽的遇到裝蒜的，不靠譜的有個更不可靠的，溫柔的則會偶遇更溫柔的。這不但適用於愛情，同樣適用於我們打拚事業——你是什麼樣的人，決定你在你事業之路上要走多遠！

24.
相信「相信自己」的力量

「你認為自己沒有用」時，自卑會「左右你」。所以，一定要相信，相信「相信自己」的力量。當你相信你自己時，你就會成為你想像中那種人。

相信「相信自己」的力量，這不是一句單純的勵志語言，而是一種發自肺腑的真心話。

相信自己的祕訣就是，在不斷給自己信心的同時，要多付諸行動。

二十五歲的時候，我想當我們部門的「經理」。

那時，我每天起床，都會在洗臉時對著鏡子裡的自己喊：「楊經理，您這麼帥，這麼有才，這麼有魅力，你不當經理老天爺都不答應啊。」

我上班時鬥志昂揚，這種快樂的情緒，會在無意中傳染給同事們。

有一次，我去公司時，在路上遇到我們公司的正牌經理，見到他後，我熱情地打招呼：「經理，您好啊，您看我今天身材是不是變好了啊？」

他笑了起來說：「你就是年輕，精力旺盛。今天你的工作是

業績要比昨天多一倍。」

　　我笑著答應了，外加一句：「說好了，我今天完成不了，您就扣我獎金。」

　　楊經理大笑：「就這麼說定了。」

　　那個時候的我和現在一樣，工作就是一切、工作就是全部。我在工作中發現最好的自己，在工作中實現我的價值。

　　我看到客戶被我的熱情感染時，我驕傲！

　　彙報工作時，我看到主管賞識的眼神時，我自豪！

　　在和同事合作時，我聽到同事認可我的方案時，我快樂！

　　我在工作中，看到另一個嶄新自信的自己。是的，我愛我的工作，恨不得白天晚上都在工作。

　　一個人如果能夠「相信自己」，就等於有了實現自己目標的能力。

　　我每次去講課時，因為我性格比較開朗隨和，學生事先也了解過我的經歷，所以，我講課比較輕鬆活潑。

　　第一堂課前，他們愛問我：「楊老師，我學歷不高怎麼辦？」

　　「楊老師，我工作了好幾年，能力一直沒提高？」

　　「楊老師，為什麼我一見到客戶就緊張？」

　　……

　　我通通回覆他們：「相信自己，相信自己有『改變一切』的

力量。」

是的，不管你們在什麼情況下，只要你願意相信自己，並且堅持下去，那麼你就一定一定一定能夠成就最好的自己。

當你最艱難的時候，想一想，明天這事就變得容易了。

當你覺得情緒低落時，想一想，明天我的心情就變好了。

記住，只要你還活著，一切都是小意思。只要你不放棄自己，相信自己，你總有一天會站在你想要的山峰，微笑著對自己說：我真棒！

喜歡籃球的人，想必都知道 NBA 球星林書豪的故事吧。

眾所周知，NBA 一般是黑人球員的天下，雖然姚明也曾經風光過，但姚明的成功一部份是因為他的身高，這是先天的，是常人難以複製的。是我們靠著努力無法取得的。

按一般人的想法，亞洲人不可能有優秀的控球後衛，能在 NBA 中打球就不錯了。正是這樣的偏見，讓有才華的林書豪在 2010 年的選秀中落選。

一般人會把沒選上的原因歸究於己，然後失去信心，就此放棄。所以，世界上只有一個林書豪，這個林書豪相信自己的力量，這種自信讓別人無法取代他。

在失敗面前，林書豪非但沒有失去信心，反而相信自己在此次失敗後會更成熟。

他經過努力，在勇士隊簽下一年的非保障合約，即便這樣，他仍然沒有受到球隊的重視，也很少獲得上場的機會。賽季結束他就被勇士隊裁掉，無緣進隊了。

對於第二次的挫折，林書豪依然沒有灰心，依然相信自己遲早會進 NBA。他相信自己有能力立足 NBA，於是，他一邊在心裡給自己加油，一邊刻苦訓練。

在新的賽季，他在火箭隊試訓，結果又被火箭隊放棄。後來，他好不容易在尼克隊找到了機會，但他仍然是球隊中可有可無的球員，他這時仍然相信自己，因相信自己才執著地堅持，更加刻苦地訓練著，耐心等待自己崛起的機會。

機會還真是為「相信自己」的人留著的。

就在球隊準備裁掉他時，球隊中兩位超級球星因受傷退出。在危機關頭下，教練迫不得已讓林書豪上場。

對於這次難得的機會，林書豪牢牢地把握了，並且演繹了比電影還神奇的劇情，他帶領球隊連勝七場，成了球隊當之無愧的領袖。

此場比賽，驚豔了賽場，看呆了觀眾，看傻了那些一直認為他不行的人。

他登上了時代雜誌和運動畫刊（Sports Illustrated）等美國頂級媒體的封面，NBA 為他破例，邀請他參加 NBA 新秀挑戰賽，全世界的人都在關注這個自信而又樂觀的「天才」，一時之間，

他成了 NBA 的寵兒。

林書豪對自己是自信的，這種自信來源於他對籃球的熱愛，更來源於他對自己的信心。因為自信，他無視挫折，於逆境中依然淡定地訓練自己；因為自信，他不會在乎別人對他的偏見、輕視；因為自信，他在任何情況下都沒有對自己喪失信心，始終相信「相信自己」的力量。

雖然我們不可能演繹林書豪式的傳奇，但我們每個人都是獨特的自我，我們都是與眾不同的，我們身上有無窮的潛力等待自己發現，不要與別人攀比，更不要在意別人的評價，追求自己的夢想，不輕言放棄，愈挫愈勇，相信自己，抓住機會，一切皆有可能！

一個優秀的人才，他的自信，恆久不衰。

我們每個人原本都是優秀的。只不過，由於我們缺乏自信心，才一步一步地把變得平庸。

讓自己自甘平庸，既是這社會的一場災難，更是我們人生的悲劇。只是，更多的時候，是我們自己，導演了這場災難和悲劇。

25.
命好與不好，在於選擇

我有一個女同學叫佳佳，人若其名，人長得美，個性好，功課好，家境好。總之，世上所有美好的文字，都可以拿來形容她。

不過所有的好，都比不上「命好」。命好，可以少努力多少年啊！

高中畢業後，佳佳以優異的成績進入一所大學。

畢業時，她除了獲得一張畢業證書外，還收穫了大家都羨慕嫉妒恨的愛情—— 愛她的男友，還是「富二代」。

自古美女配英雄，現代美女配富商或是富商的小孩。

於是，佳佳在同學們尋找工作時，像是童話裡的公主，住進了富麗堂皇的宮殿，過起了所有人夢想的生活。

當我們說起佳佳時，在感嘆她命好的同時，也驚訝於她的選擇。

佳佳從小學開始，就有男生追求，上大學後，愛慕她的人更是成群結隊，優秀的、菁英的、帥的、有才的⋯⋯她一一婉拒，選了有財又有才的「富二代」。

與佳佳相比，我的同學蘇就差遠了。蘇雖不及佳佳的國色

天香、良好家世，但也漂亮，還有點才華。

蘇和佳佳是同一所大學。據蘇的同學說，她大學期間還是不斷苦讀，她認為：人生有兩種活法，一種是別人施捨的幸福；一種是自己辛苦「拚」出來的幸福。

「這兩種幸福把握了，都是甜蜜一生的幸福。」蘇溫婉地對我們說，「可我卻獨愛自己辛苦『拚』出來的幸福。我覺得這樣的幸福是苦盡甘來，讓我踏實。」

於是，蘇大學畢業後，選擇了工作。

十幾年來，她從一個職場新人，到現在外商的高階主管！

她的第一份工作是編輯，去採訪，自己熬夜寫、改，再寫，再改，發表時，還不能寫上自己的名字。

採訪要不遇到烈日當空，整個人汗流浹背，臉上的妝容要多難看有多難看；要不遇到暴雨，全身溼得狼狽，更慘的是，越怕什麼，越要面對什麼。那就是 —— 要用連自己也不想多看一眼的形象，去採訪那些鎂光燈下衣著光鮮的成功人士……那時，她對自己說，儘管這麼狼狽悽慘，不過只是暫時的，為了表示對採訪對象的尊重，你只能用唯美的文字來征服客戶和讀者。

「其實也沒什麼。誰的成功不帶點悲傷啊。」她為自己打氣，「我形象原本不錯，本來可以靠臉吃飯的，誰叫我選擇靠才華吃飯。」

「我有才華我怕誰？」她自我安慰。

她就用這種精神療法，奔波在追求美好生活的路上。

自己的人生要怎麼過，應該要由自己決定，而不是由他人決定。

我們的選擇造就了我們的人生，這句話說起來沒有錯，即使有些事情看起來是逼不得已，但終究是自己的選擇。

每個人的一生中都會有無數個選擇，有些選擇看似無關緊要，而有些選擇則能夠決定人生的好與壞，正是這些選擇與決定，造就了我們的一生。

所以說，人生就是一連串的選擇，選擇需要一種智慧，更需要一種勇氣，我們的選擇，決定了我們的人生。

事實上，你想過什麼樣的人生，完全取決於你的選擇。

反正人生就是這麼多苦難和幸福，你選不選擇，它們都擺在那裡。

你提前努力、把痛苦一次結束，這不僅是一種經歷，而是讓你在過程中，發現平凡生活的美好。

與其說是用苦難換來美好的現在，倒不如說你用心體驗過苦難後，更珍惜了現在平常的生活。

每個人都可以選擇積極向上，也可以選擇消極度日，而你的人生就從你下定決心的那一刻起，就有了改變。記住，這種

改變，既是環境上的，也是心境方面。

我再向大家講講我的同學佳佳的後續故事。

一年前，我意外地接到佳佳的電話，她想請我幫她找一份工作。薪水不求多，只要公司願意讓她從頭做起。

為什麼會這樣？

還是老套的悲劇故事。

全職太太佳佳，在女兒十歲時，終於不堪忍受接連出軌的老公，擺脫那夢魘般的日子。

原來，當激情褪去後，多金又帥氣的老公，很少回家。她守著那別墅，感覺像是在一座奢華的監獄，鎖住了她的青春、夢想、愛和激情。

女兒五歲時，她發現老公在外面有了女兒，為保住婚姻，她每日以淚洗面。更慘的是，為了所謂的面子，她還要在人前扮演幸福、恩愛的夫妻。

人的承受能力是有極限的。

在一個女兒生病的夜晚，她獨自在醫院守著女兒時，做出了一個大膽的決定：離婚。

在人們驚訝不解的猜測中，她提著自己的簡單的行李離開了那座豪華的別墅。

離婚後，害怕寂寞的她，回家跟父母同住。人到中年的

她，卻不知道要找什麼工作來養活自己。

這時她明白，她和老公愛情的變質，並不是偶然，而是必然。就像兩個不在同道路上的兩個人，會漸行漸遠的。

在人生的各種關鍵時刻、十字路口上，每個人都應該勇敢相信自己，相信自己有能力替自己做出最好的決定，而不是把自己的人生交給其他人。

人生有很多時刻，我們都在配合他人，迎合別人的期待，但事實上，你有權拒絕這些配合和迎合，只要你不怕吃苦，就會讓你的人生擁有屬於自己的顏色。

每個人的人生都很不容易，有時人生走起來相當辛苦，但我們往往是在辛苦中找到人生的意義。

有時候你即使不情願，也必須吞下一些不為人知的委屈，現實容易消磨人的熱情與志氣，隨著在社會上的時間增加，每個人真正的人生會慢慢展現出來，在人生的金字塔裡，有人會選擇慢慢往上爬，有人會選擇不上不下，有些人則會選擇日漸沉淪……你一定要記住，你想過什麼樣的人生，選擇權就在你手裡，你可以選擇積極向上，也可以選擇消極度日，而你的人生就從你下定決心選擇的那一刻起，便有了結果。

26.
即便失敗，總勝過從未嘗試

「楊老師，我賺了一筆錢，準備利用業餘時間創業。」

J任職於一家廣告公司。他頭腦靈活，思想前衛，說話頭頭是道。

幾天前，他分享他的創業計畫。

我鼓勵他，想好了就去做。

「你準備做什麼？」我問。

「我想開一個自助餐。我們公司附近有一間麵店正在招租。那附近都是辦公大樓，但附近只有一家餐廳。每到中午，不想排隊的人，要走路去別的餐廳吃飯。」他說，「我想租下開店，請人經營。」

「嗯，你的眼光不錯。」我如實對他說。

「但我問過幾個開店的朋友，他們說餐飲業很難賺錢。而且像我這種業餘的，風險更大。」他擔憂地說。

「做什麼都有風險。」我說，「你沒有去做，怎麼就知道自己會失敗？」

「萬一呢。我要是此次創業失敗，這幾年賺的錢就全沒了。」他擔心，「家裡想叫我買房。這世界上可沒有後悔藥啊。」

我無語了。

幾年來，我接觸過很多年輕人，但他們光說不做的原因就是：怕失敗。

我想說的是，失敗固然痛苦，但更糟糕的是從未去嘗試。

不要小看你曾經的「失敗」，別忘了，你經歷「失敗」時的心路歷程，你在「失敗」中吸取的寶貴經驗，遠比沒付出得到的偶然「成功」更有價值。

還有一位創業者，他在求職過程中多次被人拒絕，創業更是四次失敗。

這位創業者叫馬雲，找工作時是 1990 年代。

他被拒絕的原因，是長得醜。

由此看來，不光現在是一個看臉的時代，二十多年前也是看臉的時代。

他想當服務生，因為形象差，被拒絕；他想當業務，因為形象差，被拒絕。

好在他志向遠大，和朋友一起創業，成立翻譯公司。

為了節省支出，他把一半店面租給別人，接著開啟第二兼職。

雖然這次創業以失敗告終，但他透過這個過程了解了攤販的艱辛，為他以後創辦電商平臺奠定下經驗。

第一次創業失敗後，他養精蓄銳，幾年後又進軍網路。

但那時候中國還沒有網路，誰也看不到摸不到。創業團隊在收到客戶資料後翻譯成英文，然後寄給美國合作單位做成網頁 —— 要為看不到的東西付錢，換成誰都不會信啊。因此，馬雲團隊不但要證明客戶資料已經上傳到網路，還要證明世界上有網路這種東西。

因為不懂技術，能做的事情就是不斷地說，他每天出門告訴大家網路的神奇。

在很多沒有網路的城市，他所到之處，一律被稱為「騙子」。這是他創業中的第二次失敗。

他不妥協，決定到北京去。於是，他揹著一個背包，到處介紹「神奇」的網路。而他得到的還是不耐煩的拒絕。創業到這裡，他遭遇了第三次失敗。

他和路上任何一個業務一樣，多次被拒絕，但不但沒有改變他對網路的相信，還成為阿里巴巴事業發展的動力，這可能是最大的差異。

即便後來創立公司之後，員工去公司推銷業務，被狗追，被保全趕也都是家常便飯。

阿里巴巴團隊曾在北京做過一段政府專案，最後又以失敗結束。於是，他決定到杭州再次創業。這也意味著他 30 歲以來第 4 次創業失敗。

現在的阿里巴巴集團，即將創下全球融資紀錄，馬雲也成為全球最大的創業者平臺。

想當初如果馬雲在一次次「失敗」後，拒絕再嘗試。那麼，今天的馬雲也不過是一個「失敗」者。

所以，當你遭遇失敗時，當你害怕失敗不想行動時，就想想馬雲吧，當年他也不過是一個多次失敗的「業務」。

人生不過百年，在這有限的生時光裡，若你不勇於嘗試做你喜歡的事情，等老了連回憶都沒有，生活多無聊啊。

任何事情，我們如果不開始行動，就無法知道結果。除非你停止嘗試，否則就永遠不會是失敗者。失敗令人痛苦失落，但更糟糕的是從未去嘗試。

如果說做了失敗是無能為力；那麼不做不知道到底是失敗還是成功，就是遺憾。

人，只要在經歷無數次嘗試、挑戰後，這樣才能增長見識，得到豐富的知識。從而讓自己不斷前進，不斷地成長成熟。當你經歷各種失敗後，你就像生過病的人有了免疫力一樣，你對失敗也有了免疫力。那麼你離成功也就不遠了。

第五章
開發自己＋堅持＝大咖

27.

開發自己＋堅持＝大咖

「楊總，我想辭職了。我在我們公司待了五年，老闆只給我加薪兩次。」

「楊老師，我討厭死自己的工作了。錢少工作多累死人。」

「我在這行做了十幾年，越做越沒成就感，真不想再繼續下去了。」

……

每隔一段時間，就有人找我訴說自己在工作中的不如意，我統一回覆他們說：

「在沒有找到比現在更適合你的工作時，請堅持下去，並且不斷地發現你自己身上的價值。」

「自己身上有什麼價值？不就是什麼努力工作、對工作敬業嗎？」他們問。

我說：「懂得自我經營的人，價值一定會比那些不懂自己價值的人更值錢。」

我的同事兼朋友 U，就是一個會知道自己價值的人。

十幾年前，我在實習時認識他。

當時，U 是面試的主管。他在公司做了五年，據說他剛工

作時鬥志高昂。

因為業績突出，一年後升為主管。但接下來的四年中，再沒有升遷。

我跟 U 很投緣，為此，U 多次對我「說教」。我記得他說最多的就是：

「記住，你做什麼不重要，你在哪裡開始也不重要。重要的是，你要學會挖掘自己。」

「挖掘自己？哈哈，我身上可沒有埋著寶藏啊。」我嘻嘻哈哈地說。

他一本正經地說：「每個人都是寶藏，看你如何挖掘自己了。比如你能說會道，甜言蜜語中灑點溫和、禮貌的調味料，就是一個好業務。在話中加點親情，就能跟我一樣，是一個業務加管理的人才了……」

「哈哈，照你這麼一說，我還真是一塊寶啊。」我道，「可我沒你有能力，你一年就升主管。現在還在主管的位置上坐得穩穩的。」想想那時，我真不會說話。

剛畢業的我，尚不知職場的艱辛，滿懷著不著邊際的夢想，想在五年內，成為公司高階主管。

雖然 U 工作能力很強，但我看不起他五年了還是「主管」的位置。

可能是跟他太熟了，我一不注意就說了實話。說完立刻後悔了。

「信不信由你。」他並不生氣，對我說這句話。

我工作五年後，好不容易成為經理，而且還是個「副」的。這時，我聽聞 U 成為原公司的總裁，在業界已經算「大咖」級的人物了。

有一次，因工作的原因，我與 U 相聚。中午我吃飯時誠心誠意地向他請教。他平和地說：「成就大咖的條件，第一是挖掘自己身上獨一無二的財富種子；第二是堅持。所以，你不管在哪個公司，都不要把自己當員工，在你選擇的行業工作時，要不擇手段地追求你想要的成功。」

說完他又加了一句：「你做到這點，想不成大咖都難。」

人就是這麼賤，若他不是總裁，我聽了這話，百分之二百不相信，但此時，我信了。

U 的父母開著一間雜貨店，他從小就喜歡推銷。他的理想就是當一名業務。

大學期間，他去家電行實習。

至今，他還記得他向第一位顧客推薦冰箱時的情景。他口才不錯，又懂得如何跟顧客拉近距離，顧客很滿意，決定購買冰箱。

當顧客看到各種品牌的冰箱，一時決定不了要買哪臺，就

問他：「你能不能介紹一下冰箱功能？」

他一聽，呆住了，他對冰箱可是一竅不通，剛才說得都是售後服務。看著顧客一臉認真的樣子，他尷尬地對顧客說：「對不起，我也不懂。等我請教之後再告訴你？」

顧客用一種讓他無地自容地眼神看著他：「這都不懂你還當什麼業務？我很懷疑你們公司的品質。」

第一筆生意就這樣泡湯了。

就是這件事情，讓他明白，做一個業務，不只口才要好，還要了解產品。他畢業後，來到現在這家公司當業務。

當時，公司有好幾個產品。他每天背產品說明。為了讓表情生動，他在的房間裡，掛著一面大鏡子，每天對鏡子練習。

他的工作並不順利，雖然屢戰屢敗，但他始終不放棄堅持著。第八個月時，他拿到了第一筆訂單。拿到這個訂單時，他欣喜若狂。或許對別人來說是很平常的。而他的不一樣，這筆訂單是一筆 10 萬元的訂單。

他用自己那三寸不爛之舌和鍥而不捨的堅持成功了。

U 的故事很勵志對不對？

其實，所有光鮮亮麗的背後都有無人知曉的努力和堅持。成功並不是偶然，需要有強大的忍耐力和超於常人的毅力。

當然從米到美酒的過程是很漫長的，挖掘自己的價值，要

有一顆寧靜的心。俗話說，急於求成則不成。可是，有些人受
「快速成功、急速成名」心態的影響，急躁、浮躁、煩躁、暴
躁，缺乏腳踏實地、埋頭苦幹的心胸和境界。一些人沒有鍛鍊
成熟，就搶著賺大錢。這樣的人，即使有機會，也會因為欠缺
能力，而耽誤前程。想成功，唯有一心一意、精力專注，讀書
學習，才能勝任。

28.
坐熱你人生的「冷板凳」

我的一位粉絲向我哭訴他的血淚職場史，「我在公司做了七年，快被我那變態的老闆害死了。我覺得再這樣下去，我的前程將要毀於一旦。」他咬牙切齒地說。

接著，他講起了他血海深仇的「工作」史。

七年前，他來到公司時，公司還處於起步階段，他不嫌薪水低，辛辛苦苦地做著，一做就是七年。這七年中，他親眼目睹公司從一個小公司，到現在擁有幾十個人的股份公司。

隨著新人的加入，他這個老員工，卻被老闆安排在了若有若無的位置上，做著一些無關緊要的小事。有時還要無償加班。找老闆談，老闆會講大道理，說什麼「要扶持新人。」「新人有激情，是公司的新鮮血液。」

總而言之，為了公司，讓他「委屈一點」。

「難道老闆都這樣嗎？楊老師，當然，你除外啊。」他不忘說，「可他們也不想想，我們這些老員工，在青春年華時，為他們貢獻年輕激情，幫他們賺錢，等我們老了，他們再怎麼過分，也不能過河拆橋吧？」

聽了他的話，我講了一個故事。

　　朋友 D 是位經理人，六年前，他來到這家廣告公司時，由於他有準確的判斷能力、理性的決策力、果敢的執行力。所以，工作一年後，就升為年薪六位數的部門經理。

　　D 的性格樂觀外向，大膽細心，對工作兢兢業業，照理來說他事業應該一帆風順。然而，職場如戰場，在一次工作中，心直口快的他，因看不慣上司在老闆面前邀功，就替自己的下屬說了一句公道話，沒想到他很快就為自己的「仗義執言」付出了慘重的代價。

　　D 的上司再也不給 D 的團隊重要專案了。

　　之後，D 的團隊只能做一些小專案，與此同時，他團隊的一些核心人物，開始被調到其他部門，到最後，他的團隊只剩下他和幾個新來的實習生。

　　D 沒有抱怨，而是從容地接受了安排。

　　D 知道，想提高團隊的能力，他這個主管就不能懈怠，他一邊鼓勵下屬，一邊利用業餘時間學習。

　　這樣一來，D 比原來還忙。雖然他們做的是不起眼的小專案，但在他的團隊手裡，卻做出了「花」。那些專案不但比完成得早，還找到了潛在的客戶。後來，這些客戶又給他們推薦了很多新客戶。

　　漸漸地，他們團隊以工作效率高、客戶評價高，在公司裡開始被看到，最後傳到了公司董事長那裡。

董事長來公司時，特意找到了 D。董事長也是基層出身，在與 D 溝通時，發現 D 的創意很新穎，也容易實踐，就鼓勵他寫一個詳細的方案，在開會時提出來。

會議上，當 D 把一份精心寫好的方案交給上司時，上司看也沒看，就宣布：「D 的方案寫得很好，但他寫得好不一定做得好啊。他們部門上次做的專案，經費嚴重超支。這個專案應該給其他部門來做。」

面對上司的信口雌黃，若是以前，D 早就生氣了。但多日的不公平待遇，讓他知道，有時候，必須忍，忍一時不僅風平浪靜，還能讓自己變得更加成熟。

從此，D 一邊和團隊做著在上司眼裡的小專案，一邊不斷學習，同時修煉著自己波瀾不驚的心態。

一年後，由 D 和他的團隊負責的一個廣告，在國外獲獎。這個獎項讓 D 在廣告界聲名大噪，更是驚動了董事長。

接下來發生的一切，我不說你們也猜到了。D 不但重新開始參與大專案，還被升為公司的總經理。

坐冷板凳不可怕，可怕的是你坐在冷板凳上，心也冷了。

當你坐在冷板凳上時，要保持一顆火熱的心。心是熱的，你會轉移情緒和注意力，為不坐冷板凳做準備，那麼，機會來了時，你就能一步登天。

在我們的一生中，有三分之二的時間是在工作。我們的工

作和生活一樣，有時會變得重複、枯燥無味，也不可能一帆風順，也會遇到各種意想不到的困難，這時你要做的是用積極的情緒來面對它，解決它。

當你坐在冷板凳上時，與其在「冷板凳」上自怨自艾、疑神疑鬼，不如調整自己的心態，把「冷板凳」坐熱。一邊心甘情願去承擔其中的苦，一邊要為自己以後的崛起做準備，然後靜靜等待自己發光的那一刻。

29.
選好你職業生涯的「跳板」

1996 年，我大學畢業。在和兩個最好的同學討論找什麼工作時，一個同學說，像我們這種剛畢業的，沒有哪個公司要，就不要指望進好公司、大公司了。倒不如先隨便找個小公司，學些寶貴經驗，再換到大公司，或是尋找理想的工作。

「你的意思就是把公司當跳板？」我問道。

「對呀。」他點點頭說，「沒有跳板，怎麼往高處飛？我們的跳板選對了，即使在上面站的時間很短，也能幫助我們跳得很高。」

我們想想也是。

半年後，我終於找到了我的第一份工作，之所以選擇這家小公司，是因為公司制度不嚴格，不用天天打卡，我覺得適合當我的「跳板」。

每天早上，我睡到九點多才起床，吃完飯後，才慢悠悠地推銷公司的新產品。

通常我還沒有把話說完，對方「砰」一聲就關上了門。一天下來，我什麼也沒有賣出去，卻累得筋疲力盡。

第一個月，我沒有完成業績。每到週末，公司會有員工訓

練，是針對員工量身定做的。讓老員工分享他們的經驗，新員工可以提出遇到的困難。公司舉辦這樣的活動，對我們來說是好事，我應該充分利用提高專業技能，把握學習機會，主動學習，不斷地提高自己的能力。然而，我卻不願意參加，當時我想，我又不會待很久，參加這種訓練不是在浪費時間嗎。

那段時間，我提不起興致，覺得這份工作太無趣。

我一邊繼續投履歷，一邊在這個公司混水摸魚，等新的工作找到，我就辭職。

三個月後，我雖然仍然沒有接到面試通知，但我實在無法撐下去了，於是辭職。

這時，兩位同學來找我。

提出「跳板」的同學說，他在第四個月時，接到現在公司的面試邀請。

他洋洋得意地說：「我面試時，說我有半年的工作經驗。第二天他們就打電話通知我上班。看來我的『跳板』還挺好用。」

與他相比，另一位同學就沒他幸運。他試用期就被公司開除了。

第一個公司沒有成為他的「跳板」，他反而成了公司的跳板。同事告訴他，現在公司明文規定：不僱用應屆畢業生。

我問換工作的同學：「你現在這份工作如何？」

「不好，這份工作和第一份工作一樣，每天做重複的事情，一點激情都沒有，無聊。」他說，「我想過幾個月，就辭職換到大公司去。」

「你去大公司工作，不是一樣嗎？」我忍不住問，「這樣你不累嗎？」

「這和談戀愛一樣，不多嘗試，怎麼能找到適合自己的。」他振振有辭地說，「反正年輕，多試試。」

「我現在跟你的想法不一樣。」被開除的那位同學說，「不能把公司當跳板，這樣會讓工作變得沒有激情。我一直在想，公司給我們薪水，還提供各種資源，我們達到工作目標，還有獎金。從這方面來講，公司可以實現個人價值啊。我本來談成了一個客戶，但那客戶說要跟我們公司長期合作，希望我去他的公司面談。那時我想，我又沒有要待很久，他跟公司長期合作也沒我的好處。再說了，公司沒給出差費。萬一談不成，我不是吃力不討好嗎？就放棄了。現在想想，就算生意談不成，也不會白去，說不定會跟客戶成為朋友。」

他們的經歷，讓我有點猶豫：工作的性質都是差不多的，其實就是在換環境。更重要的是，在公司裡，你是如何定位公司的？又是如何定位自己的？

把公司當「跳板」的缺點在於，你無法讓自己融入，覺得委屈自己，不珍惜眼前的工作。

就拿我舉例，我三個月都沒業績，是因為我會搖擺不定，一旦遇到困難，不是解決，而是逃避。

「我又沒有要待很久，何必賣力呢？」這樣的想法讓我厭煩工作，到最後不但公司無法成為跳板，反而會被公司開除，或是自動離職。

去第二個公司時，工作中沒有解決的問題，在第二份工作中仍然會出現。

每個人的精力和時間都是有限的。如果我們把精力和時間都浪費在不停「跳槽」上，就無法做好工作。工作機會和愛情一樣，是可遇不可求的。隨著我們年齡的增大，找工作時不再是我們挑公司，而是被公司挑。

沒有哪家公司會願意僱用一個頻繁換工作的人！

紀德（André Paul Guillaume Gide）說，人人都有驚人的潛力，要相信你自己的力量，我開始反省。

無論我們選擇什麼公司任職，它都是我們實現自我價值的舞臺，只要你是金子，在哪裡都能發光！

幾個月後，我找了第二份工作。我從一個小小的業務開始，在不到六年的時間裡，我任過副經理、經理、區域經理、副總，最後創辦了自己的公司。

公司就像我們的家一樣，你若把她定位愛的港灣，就會不由自主地用一顆溫柔的心待她，她會為你提供最舒適的氛圍，

讓你愜意，讓你舒適無比，讓你享受生活的安寧！

我的同學說得對，不嘗試就不知道哪份工作適合自己。但我認為還有一個前提：無論什麼工作，都要竭盡全力。

30.
讓你抓狂的「魔頭」是你的救世主

L 是我的客戶。

關於他事業成功的故事，有好幾種版本：一種版本說他有一個有錢的爹；一種版本說他娶了一位有背景的老婆；還有一種版本更不可靠，說他買樂透中了大獎，隱名埋姓後創業。總之，人紅是非多。

在一個機緣巧合的情況下，我們相約吃飯，於是他講起創業前的一段經歷。

他在一家公司當學徒，公司安排主管 V 做他的師傅。

V 對他要求苛刻，每天要他清掃辦公室或是端茶倒水，一遇到水電安裝方面的工作，V 就自己做。

兩個月下來，他除了會泡茶掃地外，沒學到任何技術。後來他無意中聽到 V 說他又笨又懶。

第二天，他聽到有維修工作時，不顧 V 的斥責，硬是跟他到了施工現場。

因為不熟悉工具，V 叫他拿工具時，他屢屢犯錯，V 就當眾罵他，讓他顏面掃地。

午休時，他利用午休時間，把 V 詳細的操作過程記了下來。

　　接下來的日子，他利用一切時間來學習，大熱天，他頂著烈日去買零件時，認識了賣零件的老闆，就借了一本維修的書看。老闆看他好學，就把店裡的一些報廢品送給他，他試著拆開維修。

　　就這樣，第四個月時，他用業餘時間考證照，半年後，他又拿到新的證照，兩年後成了公司最年輕的主管。

　　三年後，他自己創業當了老闆。

　　「你現在一定不恨 V 了吧？」我笑著問。

　　他點點頭，笑了：「非但不恨，我還很感謝他！他讓我學到：一個人的本事，不是跟別人學的，而是需要自己學。在你自學的過程中，你學到的是更多的毅力。」

　　人生有順風順水的時候，自然也有逆風大浪的時候。如果你能以積極的心態去對待人生中可能遇到的「逆風大浪」，並合理利用，將被動轉化為主動，那麼，你就是人生中高明的舵手了。

　　所以，當你在生活中遇到一些令你氣到抓狂的「魔頭」時，不要因此而痛苦，而是振作起來。當你戰勝「魔頭」時，你將會成為連自己也會崇拜的英雄！

31.
學會用你的方式堅持做事情

我與行業中的幾位老闆交談時，發現他們有一個共同點：

把堅持當成一種習慣。

G 是作業員，年紀輕輕的他，拿著固定薪水，他不甘心一輩子就這樣，於是辭職。

G 創業賺的第一桶金是 50 萬。

這 50 萬給了 G 力量和膽量。他擴大經營，還成立投資公司。幾年後，他因為管理不善，公司險些倒閉。那時，員工紛紛離他而去，他揹著百萬債務經營著苟延殘喘的小公司。

「我可以關閉公司。」他說，「但我不能。因為這個公司，可以給我的債主安全感，更重要的是，這個需要我的公司，是我堅持下去的動力。」

那段時間，他一個人身兼數職。後來他終於成功，還到國外成立了分公司。

成功者的人生和普通人一樣，麻煩不斷；成功者的人生與普通人不一樣的是，他們堅持尋找解決的方法。

「堅持下去，既是唯一的出路，也是必勝的選擇。」

「在長久的堅持中，總有一份驚喜等著我們。」

……

有人說，成功是不可複製的。我想，每個人的成功模式都是根據自己量身訂做的，不一定適合你。但有一點是共通的，他們在失敗或是遭受挫折時，所採取的應對手段，是我們可以學習的。

提起 NBA 湖人隊的柯比·布萊恩（Kobe Bean Bryant），他在球隊中的作用，他的得分能力，可以說是無人不知、無人不曉。他帶領湖人隊一共取得五次總冠軍。靠的是什麼？

大家知道嗎，柯比每天要投籃練習 2000 次。他付出了，他成功了。

2010 年 12 月 1 日，柯比投進一個難度很高的球後，資深籃球評論員在直播中感慨地說：「有的人賺這麼多錢就不好好練了，有的人賺這麼多錢卻激勵自己好好練。」

柯比能夠成功，並不是他比別人有天分，而是他那份多年如一日的堅持。

人是自然界最偉大的動物，無論哪一個人，無論現在他在做什麼，他都是獨特的，他主宰自己的行為，他決定自己的未來。

當我們失意時，根本不用沮喪，只要你勇於堅持，勇於付出，不畏首畏尾，憑著一顆不變追求的心，沒有什麼是你不能完成的。

　　學會用適合你自己的方式去堅持某件事，鍥而不捨的追求目標，不成功就不死心。當你有這樣的堅持時，你絕對會比別人成功，因為當一個人滿懷信心的去追求時，他的動力是十分強大的，足以完成看起來不切實際的夢想——因為每個人的潛力是無窮的。

　　所以，請從現在開始相信自己，勇於追求，鍥而不捨！

32.
沒有優秀的資格就不要任性

「生活已經夠苦了，為何不犒勞一下自己？」

「辭職了，明天去看海！」

「與工作比起來，見識更重要。我要來一場說走就走的旅程。」

五年前，我去 S 所在的大學講課時，講的主題是：在公司裡，不能把自己當員工，要自私一點，藉助公司提供的資源來努力。

那時 S 大四，擁有理想的他，不滿我的話，他半開玩笑半認真地說：「楊老師，我怎麼覺得你是在洗腦呢？」

接著，他分析道：「在公司就得把自己當員工，工作能實現夢想的機率太小了。您也是公司老闆，請問您的員工中，有幾個在公司實現了夢想？」

「我的夢想是遊遍天下，吃遍美食。工作能幫我實現嗎？」

「我的夢想是賺錢，買別墅，娶美女，請問楊老師，什麼樣的工作能幫我實現呢？」

我微笑著回答：「能，選你們可以任性的工作，在工作中任性地發揮你的價值。」

他們齊聲說：「哇，楊老師又在洗腦。」

S畢業後，幸運的他在一家大公司工作。

工作一不如意，就向我抱怨、發牢騷，我告訴他：

「你可以嘗試一下，不把自己當員工，是不是更好。」

「哼，我幹嘛委屈自己。」

他憤憤不平，「等哪一天我翅膀硬了，就炒了老闆魷魚，飛得遠遠的。」

好在他只是說說，五年來，他從不停抱怨，變成現在的自信滿滿。

「我可是我們部門的主管呀，管著十幾個人呢。」他對我說，「雖然職位不高，也算是個主管啊。」

我向他祝賀。

「我做了五年，才爬到這個位置。我沒有背景，人又不圓滑，靠著自己的實力，一步步過來的。」他自豪地說，「連我都忍不住佩服自己啊。我記得當時一聽到我的名字，那顆小心臟就興奮地跳個不停。」

S為這個位置付出了很多。這家公司生產的產品是生活用品，他手中掌握著全國重要的客戶資訊。

「這些大客戶，是我辛苦五年，才換回來的啊。」S說。正是這個原因，S在這間公司中占有舉足輕重的地位。

S經常在社群平臺發一些彰顯自我的話：

「無論在哪裡工作，別人都看不到你的努力，只會看到你的偷懶。」

「你自己努力，他人的幫助只是錦上添花！」

「做無可替代的員工！謝謝自己，我靠著自己終於做到了。」

我問 S 好友裡有沒有公司同事。他無所謂的說：「有啊。我就是想給他們看。我今天成為主管，大家沒有給我一丁點幫助，是我一個人的努力。」

「正是不幫助，才激勵你成就了最好的自己。」我知道又說了他不愛聽的話，「大家不但能看到你的偷懶，還會看到你的努力。」

「楊老師，對不起，我們永遠不能達成共識，我只能結束話題了。」

幾年來，他總是以這種方式結束我們之間的談話。

有一段時間，S 覺得憑藉自己的能力，可以升為經理。但不知哪個環節出了問題，他沒有如願以償。另一個他一直看不起的大叔，「一步登天」成了他的上司。

他說自己的能力得不到認可，不想做了。

這話自然傳到了老闆那裡，老闆親自找他談話，讓他安心工作，說自己會慎重考慮這件事情的。

但老闆遲遲沒有再找他。

在盛怒之下，S 決定辭職。他對我說時，我像以前一樣勸他忍一忍。他胸有成竹地說：「放心，我用的是一箭雙鵰的辦法。憑我在公司的影響力，他們不但要挽留我，還會幫我加薪的。像我這種菁英，他們去哪裡找啊。」

聽他這麼有把握，我等著他的好消息。

幾天後，S 對我說，他辭職的時候，老闆並沒有感到意外，只是要他再認真考慮一下。他說已經考慮好了。第二天一上班，老闆就打電話對他說：「請你過來辦離職手續。」

S 就這樣離開了。說實話，他走得很不甘心。

他想看公司產品業績滑落的笑話，但事實又一次打擊了他。公司產品銷量依舊，他的離去沒有造成任何影響。他想拉攏的那些客戶，卻沒有一個人理他。因為他們是商人，他們以利潤作為自己的終極目標。

人在職場，老闆也好，員工也好，客戶也好，都是因為利益才合作的。

你作為公司的一員，代表公司與客戶合作。說得直接一點，客戶願意與你合作，不是因為你這個人，而是你身後的公司。更重要的是，客戶願意與你的公司合作，是因為得到了應得的利益。

和你沒有關係。

失去了好工作的 S，懊悔萬分，他一下自嘲是劉備，大意失

荊州；一下又感嘆職場的無情，以後要珍惜。

不管你是什麼人，當你的才能沒有像比爾蓋茲、賈伯斯時，還是低調一點吧。

所以，當你實力不夠時，不要太任性。腳踏實地地做好你的工作，這才是最實用最可靠的好辦法！

33.
用堅持換回你想要的東西

我的朋友 Y 的夢想是做一個廣告企劃。

大學畢業後，他進入某廣告公司，每天在辦公室裡喝著咖啡、和同事聊著創意。那段時間他開心極了，發誓要在這個行業有所成就。

天有不測風雲，主管對他說：「很抱歉，公司認為你不適合做這份工作，從明天開始，你就不用來公司上班了。」

這是他第一次遇到的挫折，他那麼喜歡這份工作，可是工作就像是談戀愛一樣，人家沒有「喜歡」上他。

一連好幾天，他感到無奈，一度懷疑自己的能力，對這份工作的喜愛，讓他很快說服自己，重新找類似的工作。

公司很多，他的履歷石沉大海，偶爾也有面試的機會，但之後便杳無音訊。

轉眼兩個月過去了，他還沒有找到工作。這時父母和同學都勸他放棄，他固執地拒絕了，也因此和父母大吵一架。

他繼續找工作，這期間，他得知他的同學，有的已經做了記者、主持人，最普通的也是公務員。他曾經動搖過，可是一想到要去做不喜歡的工作，他就咬牙繼續堅持。

Y 對我說，當一個廣告企劃是他此生的夢想，就像他的初戀情人一樣，讓他愛得著魔。好在天無絕人之路，他接到一個廣告公司的錄取通知。

他立刻振奮起來，付出還是有回報的，他的工作開始有起色，不幸的是，半年後，公司倒閉，他再次失業。

第二次失業，讓他有點動搖了。一而再、再而三的挫折，已經超越了他的承受極限。他嘴上告訴自己放棄這個夢想，但是心裡堅定得連他自己也感到吃驚。

他一邊繼續找工作，一邊去圖書館，他知道自己必須惡補這方面的知識。

他的第三份工作 —— 在一家小公司做活動企劃，每晚加班寫方案，只要把方案賣給客戶，他就能為公司賺錢，自己也能拿到獎金。

一想到又可以做自己喜歡的行業了，他每天都心情雀躍。

他是那麼珍惜這份工作，厚著臉皮屢戰屢敗。命運有時對一個不幸的人真的是很無情，幾個月後，他所在的公司又倒了，他連最後一個月的薪水都沒有拿到。

他像一個在愛情中屢次被拋棄的人一樣，變得傷痕累累。

為了生存，他在夜市擺地攤，生意好的時候，他會把賺到的錢拿去買喜歡的書。

半年後，他認識一個廣告公司的主管，並且成為朋友。對方告訴他公司正在找企劃。

於是，他結束了擺攤的生活，來到這個公司。

因為擺過攤，其他的工作對他來說都不算累。

機會難得，為了保住這份來之不易的工作，他更是加倍地努力。

真是怕什麼來什麼，他這份工作只做了四個月，公司裁員，他再次失業。

後來他想：「我喜歡這個行業，我都堅持了這麼久，找工作時不能太倉促。我一定要找一家可靠的的公司。」

有了這個想法，他調整好心態，開始重新「美化」履歷。當然，他的「美化」就是虛構了一些業績，雖然這些業績是不存在的，但他相信，透過自己的努力，未來的日子，這些業績一定會成真的。

「美化」履歷後，他開始篩選公司，投履歷時，他查到公司老闆的郵箱，寫了一封語氣真摯的自我推薦信。

他在信中寫道：「我雖然不是這個科系出身，但我相信，憑著我對這個行業的喜愛，再加上我的毅力，我一定能為公司創造出輝煌的成績，並且成就我的夢想！」

他用這樣的求職「技巧」，成功擄獲了心儀公司的「芳心」。

這家廣告公司的老闆親自打給他，通知他來面試。

於是，他在歷經四次失業後，重新回到了自己喜愛的行業中。這時的他，根本不把自己當員工，分明就是一個創業者，他有工作經驗，又自學過很多相關的知識，再加上他對這個行業的摯愛。

他的第一個廣告企劃，客戶滿意極了，一個字都沒改。

現在的他，得到公司的重用，是公司企劃部門的總監。

他說，他很感謝以前的經歷，正是那些經歷，讓他學會了寫企劃、學會行銷自己、學會節約成本、學會控制時間、學會溝通技巧、學會在夢想面前鍥而不捨。

他總結說：「努力追逐你的夢想。總有一天，你會得到你想要的一切。」

在我們的人生道路上，總得有一個階段，要活得像個傻子一樣，為了自己想要的事情全力以赴、不計後果地去努力。

不要擔心會失敗，不要害怕沒有退路，只要我們心中有無限的激情，只要我們能夠堅持心中的夢想，即使不能做出驚天動地的事業，也會讓你收穫生命的各種驚喜！

34.
讓你的「恐懼」來成就你

幾年前，有個朋友向我訴苦：「我愛上了一個女孩，想向她告白，又害怕被拒絕。」

我對他說：「你越是害怕，越要告白。」

他猶豫了一下，問道：「萬一她拒絕我，我不就永遠失去了她。」

我說：「那你更要表白了。戰勝恐懼最好的辦法，就是面對恐懼。」

聽了我的話，他告白了。

如他所料，他被拒絕了。但他並沒有想像中那麼難過，反而感到解脫了。他不再患得患失。後來他遇到現在的妻子，順利地求婚。

當你遇上害怕做的事情時，只要試一試，就會覺得沒有什麼，也沒有你想像的那麼可怕。

恐懼的原因是自己嚇唬自己，恐懼只不過是人心中的一種無形障礙罷了。不少人碰到棘手的問題時，習慣設想出許多莫須有的困難，就產生了恐懼感。所以，你在遇到事情時，要大膽，就會發現事情並沒有自己想像的那麼可怕。

當我們遇上害怕的事情時，只要勇於試一試，就會覺得並沒有什麼，也沒有你想像的那麼可怕。每當你發現自己總是在逃避你害怕的事時，你還可以問問自己：「如果我真的去試，最壞的結果是什麼？」

最壞的結果，不會比你想像的更可怕。

無論什麼樣的恐懼，都會把人變得什麼也不敢做，無形中就把自己歸類為不會成功的人。

很多時候，成功就像攀爬繩索，失敗的原因不是力量的單薄，而是無形障礙，所以，我們一定要勇於做自己害怕的事。

「當你恐懼某件事情的時候，就一直去做，做到你不再害怕。」

拉爾夫・沃爾多・愛默生（Ralph Waldo Emerson）說，去做你害怕的事，害怕自然就會消失。

無論是在生活，還是在工作中，勇敢去做。你可以對自己說：我已經戰勝了恐懼，下一次同樣能夠戰勝它。

當你面對恐懼時，你沒有被它征服，一次又一次的經歷會讓你獲得力量、勇氣與信心。

所以，越是你覺得做不到的事，你就越應該去做。

記住，當你對某件事感到害怕時，你就去做這件讓你感到害怕的事，這時害怕就會消失。因為當你把心思放在必須做的

事情上時，你就轉移了情緒，便不會害怕。

記住，冒一次險吧，讓你的生命享受冒險帶給你的刺激。

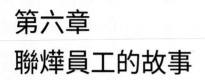

第六章

聯燁員工的故事

35.
所有的經歷都是人生財富

　　我出生於一個務農家庭，有一個哥哥和姐姐，作為家裡最小的孩子，父母對我極為寵愛。

　　而我家的經濟狀況十分拮据。從我有記憶時，就開始跟著父母到田裡玩耍，他們沒有時間照顧我，又不放心我一個人在家，只好帶著我去田裡。

　　上學後，我每天放學就要到田裡幫忙。再大一點就跟著父母到田裡工作。

　　由於家裡實在太窮，我的哥哥姐姐早早地就輟學幫家裡工作了，我成為家裡的唯一希望。

　　在我的印象中，我最害怕的是每學期開學時繳交學費的日子。

　　因為家裡太窮，父母一聽到我要繳學費，就緊皺眉頭不說話，直到學校催過好多次後，父母才到處借錢繳學費去。

　　國中的時候，我成績很好，所以父母發現我確實是一個努力學習的孩子，他們下定決心，不管多麼窮，都要想辦法讓我讀大學。

　　我深知父母對我的期望，所以，在國中畢業的時候，我沒

有像其他同學考高職，以求學一技之長。而是選擇風險較高的高中，畢竟在當時能夠考上大學的人，還是很少的。後來的事實也證明了，雖然我很努力的學習，重考了兩次，還是沒考上自己理想的大學。

在大學裡，我接觸了很多新鮮的事物，開闊了眼界，了解了很多以前不知道，也無從想像的事情。更重要的是在這樣的環境裡，在大學的薰陶下，我的思想，我的觀念，我對事物的看法和想法都有很大的轉變，為我以後的人生鋪路。我由衷地感謝我的大學！

後來，年少輕狂的我，不再聽從學校的安排，決定自己到社會上找出路。當然，我都是瞞著家裡的。現在回想起來，當時真大膽，萬一讓家裡知道，肯定會引起一場軒然大波的。

我做這個決定的過程中，有一個重要的推手，在當時以及在我以後的生命當中，都非常重要，所以我不得不提一下他，楊蕭。

楊蕭是我大學期間最好的朋友。

比起我，楊蕭家境好多了，但他對我說，他是不會靠家裡的。所以，他和我一樣想實現偉大的創業夢！

幾次面試後，我深刻體會了理想是豐滿的，現實是骨感的。

公司給得薪水少得可憐，但是，當我靜下心來想一想，又覺得這三百塊錢也是錢啊，先慢慢來吧，年輕人累積經驗最重

要，於是我決定忍辱負重，去公司上班。

第二天，我和好朋友一起去報到，對方卻說，因為我們工作經驗太少，經過他們的慎重考慮，暫時不能僱用我們。

「請回吧，不好意思！」

聽著這一句無情的話，我氣瘋了！經驗少？我們剛畢業啊，哪來的經驗？憑什麼要求我們一畢業就有工作經驗啊？

再後來，接觸到業務這份工作，工作很辛苦，收穫很少，但因為看到了發展機會，我們就努力地堅持著。

那段時間，我確實付出了很多的努力，每天早上 6 點就起床，匆匆趕到公司就開始一天的工作，學習公司的產品資訊，再聽經理講一些工作技巧和管理知識，八點半準時出發去尋找和拜訪顧客。

面對客戶時，我們一遍又一遍的講解產品，提供免費試用。冬天，我們迎著寒風，雙手凍得通紅；夏天，我們頂著酷暑，走遍城市的每個角落尋找成交的機會，為了我們心中出人頭地的夢想，我們義無反顧，無怨無悔，用我們的汗水和艱辛一步一步通往成功的道路。

因為我們把這份工作當作事業，所以，我們不怕辛苦，每天拖著疲憊的身體奔波。

那時我經常想：既然是創業哪能不付出？但是，時間一久，心理上的壓力和打擊一次次衝擊和考驗著我們的承受極限。面

對同學、朋友的不理解，家人的不支持，客戶的拒絕，甚至是羞辱都在不停地考驗我們，最終，我們依然堅持。

這些年，我透過自己在逆境中不屈的生存，讓我漸漸明白，奮鬥的人生是最有意義的。

我們不是富二代，我們沒有高學歷，沒有豐富的經驗，沒有雄厚的資本，更沒有深厚的背景，我們只能靠自己，只能用自己的汗水和淚水，為自己畫一個未來，進取心和努力，是我們僅有的資本。

所有的經歷都是閱歷，哪怕是曾經的苦難，流過的汗水和淚水，都會成為我們人生中一筆豐富的財富。

現在，我不但有了自己的公司，還有了賢惠的妻子和可愛的兒子，過著幸福的生活。

我的哥們楊蕭，也就是本書的作者，已經是公司的總經理了。

我們不再為一日三餐而奔波勞碌，我們把更多的時間和精力投入團隊，因為我們知道還有很多的年輕人，他們和當初的我們一樣有理想、有抱負，但找不到出路，他們需要榜樣，需要正確的引導，我們有責任也有義務去幫助他們，和他們一起，透過自己的努力，達成自己的理想，讓自己的人生過得豐富而精彩，讓自己將來能有幸福的家庭。

我還很年輕，特別是跟這些比我更年輕的人在一起時，我

發現未來還有很多事情等著我去做，去完成，我們不怕困難不畏艱辛，相信將來有更美好的生活等著我們，有更精彩的故事等著我們去寫！

等將來我老去的時候，我希望我可以寫一篇我的自傳，而創業的故事將成為我自傳中最重要也是最精彩的故事！

36.
請讓我們的夢想走進現實

● 營運總監 Z

　　我經歷了過不知道多少次拒絕、打擊、誘惑，但我都堅持不放棄。

　　正是在職場上遭受過的這些困難和坷坎，讓我體會到，我們工作都不容易，我在克服這些困難和挫折中，變得越來越成熟，還學會了處理各種突發事情的能力。

　　現在的我，學會了在工作之餘思考：人一輩子，說長也不長，說短也不短，如果不經歷一些事情，人生會變得索然無味。

　　我家境一直不錯。但我知道，家裡的錢都是父母辛苦賺來的血汗錢，我雖是他們的孩子，但我已經長大了，不能再花他們的錢了，我可不想當「啃老族」。所以，我大學就靠自己的努力賺取學費和生活費。

　　為了讓自己自力更生，我當過搬運工，當過送貨員，這些工作都需要勞力，累、收入也低。但我並沒有覺得辛苦，那時我有一個想法，就是想看看自己能不能自己生活。

　　大學畢業後，我懷揣著做出一番事業的夢想，開始找工作。先在工廠工作了一年，收入低，很累。我第一次體會到生

活不容易，賺錢更不容易，體會到父母賺錢的艱辛。

在忙碌之餘，為了早日實現自己的夢想，我想過當工程師，但我漸漸發現，理想和現實相差太遠，我根本不可能做到，如果想提升自己，就必須花很多錢去進修，但又可能因為沒有經驗找不到好工作。

我最後決定：先就業，等賺錢再學習。我覺得學習也要有實踐的基礎，工作後，才會發現自己欠缺什麼。

我想對那些剛畢業的同學說一句話：「有夢想是好的，但一定要記住，要讓你的夢想走進現實。」

當你畢業後，在找工作時，千萬不要挑剔，不要只想著找喜歡的工作，而是要找一份工作踏踏實實地做。

我曾經迷茫，不知道什麼工作適合自己，或自己能做什麼。

此時，我發現只有改變自己，讓自己變得更加優秀，才能建立自信。

2008 年 12 月 1 號，我有幸加入公司，我逐漸找到了自信，認清自己，確定自己的方向。

剛開始我做得並不好，第一天收穫很小。有的同學勸我放棄，說這個太辛苦了。

我想，做什麼不辛苦啊。更重要的是，公司幫助了我，我被同事們的工作熱情所感染，漸漸地喜歡上這份充滿挑戰的工作。

　　當我在工作中做出一點成就時，當初勸我放棄的同學說我的選擇很正確。父母也為我感到高興。

　　我要說的是，不管我們做什麼，結果比過程更重要。很多人只會看到你最終的結果，只有結果才有說服力。所以，在過程中，為了能夠有一個好的結果，就要付出該付出的，承受該承受的，才有可能收穫該收穫的。

　　我很榮幸能夠實現自我價值，感謝大家的支持，才讓我堅持下去。

　　「物競天擇，適者生存。」世界上沒有什麼公平的事情，都是靠自己去爭取。

　　我知道我還不夠專業，生活是美好的，夢想是美好的，只要你懂得讓夢想走進現實，設立一個目標，去超越，相信你的夢想一定會實現的。

　　我堅信，這樣的人生才有價值！

37.
讓工作成就我們的夢想

● **總經理 W**

我家裡很窮，我從小就夢想著賺錢。我努力讀書，學習成績一直不錯。

我是家裡的老大，父母希望我將來有出息，能夠幫助弟妹。所以，我畢業後竭盡全力地工作，做出一番成就。

現在，我經常告訴別人，自己是被逼出來的。

我記得我面試時，同學們都是一起去同一家公司面試的，而我是一個人。

原因很簡單，我覺得自己實在太差了，怕自己會被淘汰。結果我的同學被錄取後覺得公司很好，正好我當時很缺錢，他們就希望我也一起，後來我就被錄用了。

或許這就是緣分吧。我們五個同學一起工作。第一天工作我就有業績了，很開心，晚上一群人一起慶祝。

在這裡，我在團隊同事的幫助下，透過自己的努力，改變很大，學到很多管理經驗。

「天助自助者。」

可能別人覺得是我運氣很好，但是我想告訴大家：「你是一

切的根源。」

　　事業是人生很重要的部分，要靠我們用心經營，是由你的選擇決定的，所以你將來要過什麼樣的生活，取決於你是一個什麼樣的人，你在生活中的努力程度。

　　我在工作過程中，遇到過很多困難和挫折，包括我當經理之後，這些問題和困難仍然存在，但在我眼裡，它們都是過程，都是為了幫助我學習和成長的，只要我的心態沒有問題，只要我想辦法改變，一切都不是問題。

　　所以，我堅信自己當初的選擇是正確的。沒有當初的選擇，之後所有的努力都不一定會換來今天的收穫。

　　我沒有任何背景，我要感謝我的團隊，是他們陪我一直走在路上。我也相信我會一直努力成長，幫助更多需要的人成功！

38.
我愛的工作和愛我的夢想

● 經理 T

我是一名經理，我的夢想就是當一名事業有成的創業者。

我到陌生的城市，一個沒有親戚和朋友的城市，我告訴自己，我一定要透過自己的努力，實現自己的夢想，讓自己和家人過得更好。

然而，我美好的夢想，在現實面前變得不堪一擊。為了生存，我在工廠上班，在工地搬水泥，賣過水果，雖然我很辛苦，但沒有賺到錢。我心裡想，這些都是暫時的，這些都不是我想要的，這些工作，是為了以後的創業。

後來，我來到現在的公司面試，居然成功了。記得第一天上班時，我感覺很累，但是我發現和同事們挺開心的，他們一張張熱情的笑臉，在談工作時那神采飛揚的樣子，我被他們所打動，於是就想在這裡鍛鍊一下自己，所以，我是抱著嘗試的心態開始我的業務生涯。

說實話，剛開始工作時，我做的並不好，但我告訴自己，別人能做到的，我一定能做到，別人能做好的我一定能做好。

就是這一份鼓勵，讓我對自己信心大增，為我打下了基

礎。所以我們要不斷的努力，同時要不斷地肯定自己、鼓勵自己，才能得到我們所追求的一切，那些碰到一點點挫折就懷疑自己的人，我想他們也不可能獲得他們想要的。

我想人生只要你敢走出去，你敢去面對，就沒有什麼戰勝不了的。你可以超越自己，你可以做一個與眾不同的自己，有人說成功是做別人不敢做、不願意做，做不到的事，這句話說得很有道理，要做好這一切，我們就要從改變自己開始。

我覺得還有一點更重要，那就是我們要愛自己的工作，因為愛自己的工作，我們更願意把工作當成自己的夢想。這樣，我們在工作時，就等於是在為我們的夢想奮鬥。

39.
在工作中成就自己

● 經理 G

「成就自己是唯一的選擇，沒有任何藉口，沒有任何理由！」這是我在工作中的感悟。

時間過得真快，轉眼間，我已經工作十幾年了，每當我想起這十幾年來所經歷的事情，心中總是有無限感慨。

我小時候家裡很窮，正是小時候家裡窮困的生活環境，培養了我獨立的性格。

我畢業以後開始找工作，都不太順利。最後我決定追求夢想。在上海，我開始學做生意，時好時壞，日子一天天過著，店裡有人時就做做生意，沒有人時，我就玩遊戲，總之，這樣的日子過了兩年多。我覺得再這樣下去，自己永遠也實現不了夢想，所以我覺得不能再這樣浪費時間了。

2011 年 3 月，我來到現在的公司，在這裡我有幸結識了楊總並在他的幫助下成功，這一路走來，我要感謝楊總對我的信任與支持！

今天的我，不想說太多，只想在未來用最好的成績回報他！我要時刻努力！努力！再努力！

　　回首往事：想起年少時的輕狂，年輕時衝動的懲罰，貧窮的無奈，家人期待的眼神，想要改變這一切，唯一的出路就是努力奮鬥，成就自己！

　　成就自己，是我唯一的選擇！

40.
做一個美貌、智慧、夢想並存的女孩

● 經理 J

我看著大家對我的印象，開心地笑了。

「美貌和智慧並存。」

「女強人。」

從小學到大學，我就像一隻醜小鴨，過著平凡的生活，性格孤僻的我，總是埋頭苦學。

那時候，安靜好學又聽話的我，是父母、親戚、鄰居眼裡的好孩子。每到寒暑假，我就和姐姐、妹妹出去打工，薪水少得可憐。但我們姐妹都很高興，覺得這樣能為父母分擔壓力。

上大學後，班裡漂亮的女生大部分都有男朋友，而我渴望的愛情卻遲遲沒有來。

看著那些漂亮的女生因為有了男朋友變得更加自信，我覺得自卑的自己更醜了。

不自信、平庸，是我之前的樣子。來這裡後，主管跟我說：「你的現狀只是對你前段時間的總結，而你以後的生活怎麼樣，是由你現在的想法來決定的。」

他點醒了我，也鼓舞了我。是啊，我不能讓自己生活的這

麼狼狽，我也不能才 20 幾歲，就否定自己的未來。

我大學畢業後找了好幾份工作都不適合。無意中，我看到公司在徵人，不要求經驗、學歷。對於當時的我來說，真是太棒了。

在這裡，同事們激發了我的信心，讓我有了夢想。

我已經到了而立之年，雖然還沒有愛情，但我現在擁有不錯的事業，我相信我也會擁有幸福的愛情和美滿的家庭，感謝一直陪伴在我身邊的人。

41.

我擦的不是皮鞋，是夢想

現在我們常認為價格是影響業績的重要因素，認為競爭對手價格低，才導致我們業績差。今天，有位業務用她的行動震撼了我，而我團隊中的業務卻天天埋怨公司。

那位業務分享了她的兩個祕訣和四句話。

兩個祕訣：一是自信，二是激情。

四句話：每一天我將會越來越好、我怎麼會如此幸運、這一切都會過去的、我一定能成功的。

我們都有可能厭倦工作，但如果說我打的不是電話而是夢想？我設計的不是產品而是夢想？建造的不是房屋而是夢想？如果一個人能夠為夢想而工作的話，還會累嗎？還會不認真嗎？如果我們能擁有好的心態，在工作中遇到困難挫折時就不會抱怨了。

人的強大，不是身體的強大而是心靈力量的強大！

42.
我奔跑，我快樂

● 經理 Q

　　我出生於中等收入的家庭，父母為了讓我接受更好的教育，就送我到明星學校就讀。在這裡，我深受老師和周圍同學的影響，喜歡上了學習和讀課外書！

　　接下來的成長、工作好像是按部就班一樣，我順利地上了大學，大學畢業後，我有了不錯的工作。

　　然而，這份工作，對我而言是一份很清閒的工作，過著朝九晚五的生活，一年下來，感覺自己在墮落、在浪費時間。

　　那時，我根本沒有什麼上進心，因為看不到希望，就有一種「得過且過」的想法，最終我選擇了離開！

　　我認為一個人的成功不是偶然的，必須經過很多次失敗。

　　如果我們想成為一棵大樹，就必須先有適合的土壤，這就好比環境的重要，還需要肥料、雨水，相當於知識。

　　我進入換工作是經過考慮的，我記得那是 2009 年 3 月 1 日，對我來說，這是一個難忘的日子，我帶著夢想和激情走進這個大家庭，開始了新的生活。

　　我發現這裡充滿了激情，充滿了活力，充滿了信心，充滿

了希望。

第一天，我主管對工作的勤奮精神感染了我，直到現在，我還記得並且認同他說的一句話：「誠懇做人，踏實做事。」

人生沒有捷徑，只有腳踏實地的走好每一步，才能實現每一個夢想。這句話很簡單，卻也說明一個很簡單的道理，夢想的實現需要腳踏實地的過程。在工作中，我們要做好每一件事，才能創造出不平凡的業績。

「天道酬勤」四個字時刻在提醒、激勵著我。

透過不斷的努力，我心中的目標越來越清晰，我要以最快的時間抵達彼岸。

我的努力和付出開始有所回報，公司給我的機會越來越多。我不會讓自己懈怠，因為我知道要去哪裡，哪怕再辛苦也要笑。

我對事業的追求只能用熱愛來形容。

我要走的路還有很遠，我必須要振作，要對自己負責，因為我是榜樣。

我相信自己沒有問題，一切就沒有問題！我們的成功也沒有問題！

電子書購買

爽讀 APP

國家圖書館出版品預行編目資料

從菜鳥到大咖，人生勝利組的職場策略：終極勝利的關鍵，珍惜當下，擁抱未來！/ 楊蕭 著．-- 第一版．-- 臺北市：財經錢線文化事業有限公司 , 2024.03
面； 公分
POD 版
ISBN 978-957-680-791-6(平裝)
1.CST: 職場成功法
494.35　　113001742

從菜鳥到大咖，人生勝利組的職場策略：終極勝利的關鍵，珍惜當下，擁抱未來！

臉書

作　　者：楊蕭
發 行 人：黃振庭
出 版 者：財經錢線文化事業有限公司
發 行 者：財經錢線文化事業有限公司
E - m a i l：sonbookservice@gmail.com
粉 絲 頁：https://www.facebook.com/sonbookss/
網　　址：https://sonbook.net/
地　　址：台北市中正區重慶南路一段六十一號八樓 815 室
Rm. 815, 8F., No.61, Sec. 1, Chongqing S. Rd., Zhongzheng Dist., Taipei City 100, Taiwan
電　　話：(02) 2370-3310　　傳　　真：(02) 2388-1990
印　　刷：京峯數位服務有限公司
律師顧問：廣華律師事務所 張珮琦律師

定　　價：299 元
發行日期：2024 年 03 月第一版
◎本書以 POD 印製
Design Assets from Freepik.com